# Einheitliche Höhere Kommunikationsprotokolle

## Schicht 4

## DuD-Fachbeiträge

herausgegeben von Karl Rihaczek, Paul Schmitz, Herbert Meister

1 *Karl Rihaczek*
Datenschutz und Kommunikationssysteme

2. Einheitliche Höhere Kommunikationsprotokolle – Schicht 4
Hrsg.: Bundesministerium des Innern

3 Einheitliche Höhere Kommunikationsprotokolle –
Schichten 5 und 6
Hrsg.: Bundesministerium des Innern

4 *Helmut Höfer*
Erfordernisse der Personaldatenverarbeitung im Unternehmen

5 *Ulrich von Petersdorff*
Medienfunktion und Fernmeldewesen

6 *Karl Rihaczek*
Datenverschlüsselung in Kommunikationssystemen

# Einheitliche Höhere Kommunikationsprotokolle

# Schicht 4

herausgegeben vom
Bundesministerium des Innern

2., durchgesehene Auflage

Friedr. Vieweg & Sohn Braunschweig/Wiesbaden

CIP-Kurztitelaufnahme der Deutschen Bibliothek

**Einheitliche Höhere Kommunikationsprotokolle, Schicht 4 [vier]** / hrsg. vom Bundesministerium d. Innern. – 2. Auflage – Braunschweig; Wiesbaden: Vieweg, 1984.
(DuD-Fachbeiträge; 2)

NE: Deutschland ‹Bundesrepublik› / Bundesminister des Innern; GT

1. Auflage 1983
2., durchgesehene Auflage 1984



Gesamtherstellung: Lengericher Handelsdruckerei, Lengerich

ISBN 978-3-528-13593-5 ISBN 978-3-322-96903-3 (eBook)
DOI 10.1007/978-3-322-96903-3

## Allgemeine Einleitung

In den Bereichen der Wirtschaft und der Verwaltung besteht neben der Notwendigkeit der Sprachübertragung Bedarf nach Einsatz der Telekommunikation für Daten-, Text- und Bildübertragung zwischen unterschiedlichsten technischen Einrichtungen. Insbesondere sind der systemneutrale Verbund von DV-Einrichtungen sowie das Einbeziehen neuer Kommunikationsmittel (u.a. Bildschirmtext, Teletex, Telefax) notwendig.

Da der Bedarf nach systemneutraler Kommunikation sowie nach herstellerübergreifendem Verbund von Geräten mit unterschiedlicher Form der Informationsdarstellung (Daten/Text, Bild) wegen bestehender Inkompatibilitäten z.Z. nicht oder nur mit erheblichem Aufwand gedeckt werden kann, legt die öffentliche Verwaltung der Bundesrepublik Deutschland zur Deckung des akuten Bedarfs im Vorfeld der Normung sowie unter Berücksichtigung des aktuellen Standes der internationalen Normung als Verwaltungsstandard für die systemneutrale Kommunikation die Zwischenlösung „Einheitliche Höhere Kommunikationsprotokolle" (EHKP) fest.

Grundlage der Arbeiten sind

- das von der Internationalen Normungsorganisation ISO erstellte Basis-Referenzmodell „Kommunikation Offener Systeme" (DIN/ISO 7498) sowie alle bis zur Festlegung bekanntgewordenen einschlägigen Dokumente der ISO und des DIN sowie
- die Empfehlungen des CCITT (Comité Consultatif International des Télégraphique et Téléphonique), insbesondere die Empfehlung X.25 für die Schichten 1 bis 3 des Basis-Referenzmodells und die Empfehlungen S.70 und S.62 für den Dienst Teletex.

Das Referenzmodell gliedert den Kommunikationsvorgang in sieben in sich abgeschlossene Funktionsschichten mit eindeutiger Festlegung der Dienstleistungen der Schichten sowie der Schnittstellen und der Schnittstellenereignisse zwischen den Funktionsschichten. Die modular aufgebauten Vorschriften für die Abwicklung des Datenaustausches innerhalb des Kommunikationsmodells werden „Protokolle" genannt.

Die Schichten 1 bis 3 gemäß DIN/ISO 7498 (Bitübertragungsschicht, Sicherungsschicht und Vermittlungsschicht) regeln den physikalischen Datentransport sowie den Zugang zu Datennetzen. Für Datennetze mit Paketvermittlungstechnik bestehen für die Schichten 1 bis 3 bereits konkrete Vereinbarungen im Rahmen der internationalen Schnittstellenvereinbarung X.25 des CCITT.

Die Schicht 4 (Transportschicht) ermöglicht – unter Nutzung der Dienstleistungen der Schichten 1 bis 3 – insbesondere den gesicherten Datenaustausch zwischen zwei Verbundpartnern über das gewählte „Datentransportsystem", beispielsweise das öffentliche Datennetz DATEX-P.

Die Schichten 5 bis 7 (Kommunikationssteuerschicht, Darstellungsschicht und Verarbeitungsschicht) unterstützen den eigentlichen Kommunikationsvorgang der beteiligten Geräte sowie der Anwendungen und ermöglichen die notwendigen Anpassungen zwischen ihnen.

Der Verwaltungsstandard „EHKP" hat in der Übergangszeit bis zur Verfügbarkeit implementierbarer Protokolle auf der Basis der internationalen Normen die Aufgabe, den systemneutralen Informationsverbund von Geräten mit unterschiedlicher Form der Informationsdarstellung (Daten/Text, Bild) bedarfsgerecht und rechtzeitig zu ermöglichen.

Die EHKP decken die Schichten 4 bis 6 (7) gemäß DIN/ISO 7498 ab. Sie legen das netzseitige Kommunikationsverhalten der Partner fest; die Art der Implementierung wird dagegen nicht vorgeschrieben.

Die EHKP werden nach Verfügbarkeit international akzeptierter und erprobter Protokolle durch diese ersetzt. Entsprechende Ablösestrategien sowie – soweit notwendig – Anpassungen an neue Datennetze werden entwickelt.

Die EHKP werden in Stufen entsprechend dem Stand der internationalen Normung in ständigem Kontakt mit dem DIN entwickelt, erprobt und festgelegt. Der modulare Aufbau der EHKP bietet die Voraussetzung zur stufenweisen Anpassung an die Einzelschritte der Normungsarbeit sowie zur Überführung in die endgültigen Normprotokolle.

Die jeweiligen Zwischenergebnisse der Festlegungen der EHKP werden als Beitrag in die nationale Normungsarbeit eingebracht. Dies ist inzwischen geschehen für die EHKP der Schichten 4 und 5 sowie für den Entwurf der EHKP 6.

Die EHKP sollen grundsätzlich für alle herstellerübergreifenden Kommunikationssysteme (Daten/Text, Bild) der öffentlichen Verwaltung (Bund, Bundesländer, Kommunen) eingesetzt werden. Einzelheiten des Einsatzes regeln die mit Zustimmung des für die überörtliche Zusammenarbeit der Behörden zuständigen Kooperationsausschusses ADV Bund/Länder/Kommunaler Bereich (KoopA ADV) und des Interministeriellen Ausschusses zur Koordinierung der Datenverarbeitung in der Bundesverwaltung (IMKA) vom BMI herausgegebenen „Grundsätze für die Gestaltung der automatisierten Datenübermittlung" vom 4. Dezember 1980.

In der gemeinsamen Bekanntmachung im Bundesanzeiger vom 8. Juli 1980 haben der Bundesminister des Innern, der Bundesminister für Forschung und Technologie und der Bundesminister für das Post- und Fernmeldewesen die Bedeutung des Vorhabens umrissen.

Der Einsatz für Anwendungen außerhalb des Bereichs der öffentlichen Verwaltung wird angestrebt.

Mit diesem Band werden die EHKP der Schicht 4, die EHKP 4, veröffentlicht. Ihr modularer Aufbau sieht Basisdienste und optionale Dienste vor. Hierdurch ist eine flexible und leichte Anpassung an den jeweiligs benötigten Funktionsumfang möglich.

Es ist vorgesehen, in Kürze auch die bereits verabschiedeten EHKP 5, die im Entwurf fertiggestellten EHKP 6 sowie die englischen Fassungen der EHKP 4 bis 6 in gleicher Form herauszugeben.

Die EHKP 5 wurden im Rahmen eines europäischen Gemeinschaftsprojektes auf der Grundlage der CCITT-Empfehlung S. 62 spezifiziert. Sie stellen die Kompatibilität zu Anwendungen des DV-Verbundes und des neuen Dienstes Teletex sowie zu den Verfahren der modernen Bürokommunikation sicher, welche die Teletex-Festlegungen nutzen. Die EHKP 6 sind sowohl für das Vorhaben Bildschirmtext als auch – nach Hinzufügen entsprechender Ausprägungen – für zahlreiche allgemeine Anwendungen geeignet.

Die EHKP ermöglichen folgende aus Anwendersicht unverzichtbaren Verbundlösungen:

- Aufbau praktisch beliebiger Kommunikationsnetze mit Komponenten mehrerer DV-Hersteller unter Einbeziehen moderner Verfahren der Bürokommunikation,
- Öffnung bestehender Netzwerkkonzepte der DV-Hersteller,
- Zugriff auf Anwendungen in zahlreichen heterogenen Systemen mit nur einem Terminal,
- allgemeiner Zugang zu öffentlichen Dienstleistungen wie Bildschirmtext,
- Erschließen neuer Anwendungen der Bürokommunikation,
- Anschluß von Local Area Networks (LAN) an öffentliche Datennetze.

| Inhalt | | Seit |
|---|---|---|

Seite

## 1 Ausgangslage

Im Bereich der öffentlichen Verwaltung des Bundes, der Bundesländer und der Kommunen besteht Bedarf nach herstellerübergreifenden Verbundlösungen mit dem Ziel einer technisch freizügigen Kommunikation, die jedoch wegen der bestehenden Inkompatibilitäten nicht oder nur mit erheblichem, projektspezifischem Aufwand realisiert werden können.

Als Grundlage für die technisch freizügige Kommunikation hat die internationale Normungsorganisation ISO das "7-Schichten-Modell" DIN/ISO 7498: "Kommunikation Offener Systeme, Basis-Referenzmodell" festgelegt.

Dies Modell gliedert den Kommunikationsvorgang in sieben Schichten oder Ebenen. Die Ebenen 1 bis 3 werden durch entsprechende öffentliche Datennetze abgedeckt. In der Bundesrepublik Deutschland steht hierfür beispielsweise das öffentliche Datennetz DATEX-P zur Verfügung.

Internationale oder nationale Normen für die "Höheren Kommunikationsprotokolle" der Ebenen 4, 5, 6 und 7 sind z.Z. noch nicht vereinbart. Sie sind aber erforderlich, um die Kommunikation mit unterschiedlichen Datenverarbeitungsanlagen bzw. Geräten der modernen Bürokommunikation zu ermöglichen. Deshalb ist es notwendig, für die Zeit bis zum Vorliegen internationaler Kommunikationsnormen sowie zur praxisnahen Erprobung der bereits vorhandenen technischen Möglichkeiten einen Satz von Kommunikationsprotokollen als "Zwischenstandard" für die öffentliche Verwaltung der Bundesrepublik Deutschland festzulegen.

### 1.1 Auftrag

Mit Beschluß Nr. 4-12/78, Tz. 5.1 und 5.2 hat der Kooperationsausschuß ADV Bund/ Länder/Kommunaler Bereich (KoopA ADV) folgenden Auftrag erteilt:

Der KoopA ADV stellt die Notwendigkeit fest, den Informationsverbund in der öffentlichen Verwaltung durch Entwicklung eines einzigen Satzes Höherer Kommunikationsprotokolle zu fördern.

Die Arbeitsgruppe Datenfernverarbeitung des KoopA ADV (AG DFV) wird beauftragt, das Vorhaben unter Einbeziehung bestehender Aktivitäten (u.a. Datenvermittlungssystem Nordrhein-Westfalen (DVS NW), Pilotkomplex technisch-wissenschaftlicher Rechnerverbundvorhaben (PIX), Bereich Information und Dokumentation (IuD-Bereich), Polizei, Bundesbank) in Angriff zu nehmen. Hierbei sind Fragen des Bedarfs an speziellen Diensten, der Organisation, der Einführung und der Anwendung der Höheren Kommunikationsprotokolle zu behandeln.

### 1.2 Ad hoc-Arbeitsgruppe "Höhere Kommunikationsprotokolle"

Die am 7. Februar 1979 gegründete ad hoc-Arbeitsgruppe "Höhere Kommunikationsprotokolle" der AG DFV erhielt den Auftrag, den Anwenderbedarf im Bereich der öffentlichen Verwaltung zu ermitteln und unter Berücksichtigung des jeweiligen Normungsstandes sowie bestehender Vorhaben Vorschläge für einen einheitlichen Satz Höherer Kommunikationsprotokolle zu erarbeiten.

Die ad hoc-Arbeitsgruppe sollte keine Protokollentwicklung betreiben, aber Protokollvorschläge, z.B. Protokolle des DVS NW, der Hochschularbeitsgruppe PIX sowie des Förderungsprojektes PAPA (Pilotanwendungen des öffentlichen Datenpaketvermittlungsdienstes für den Verbund zwischen Service-Rechenzentren und RZ-Kunden des Verbandes Deutscher Rechenzentren e.V. - VDRZ -) auf die Möglichkeit der Übernahme hin untersuchen. Sie sollte auch andere in der Vorbereitung befindliche Vorhaben bezüglich des Bedarfs an Protokollen analyisieren und gemeinsame Protokolle vorschlagen.

## 1.3 Festlegung für die Schicht 4 des ISO-Referenzmodells

Der KoopA ADV hat in seiner Sitzung am 11. März 1981 den Vorschlag für "Einheitliche Höhere Kommunikationsprotokolle Ebene 4, Version 2.0 - EHKP 4 -" gebilligt. Dabei hat der KoopA ADV seinen grundsätzlichen Beschluß zum allgemeinen Einsatz der EHKP für herstellerübergreifende Kommunikationssysteme bekräftigt. Er verweist hinsichtlich der Anwendung der EHKP auf die in der Beilage zum Bundesanzeiger Nr. 25 vom 6. Februar 1981 veröffentlichte Neufassung der Grundsätze für die Gestaltung der automatisierten Datenübermittlung (Datenübermittlungs-Grundsätze) vom 4. Dezember 1980.

## 1.4 Ausblick

Auch für die weiteren Schichten des Referenzmodells sollen einheitliche Protokolle festgelegt werden. Die ad hoc-Arbeitsgruppe hat die Entwürfe für die Einheitlichen Höheren Kommunikationsprotokolle der Schichten 5 und 6 Anfang 1982 der AG DFV vorgelegt.

## 1.5 Übersicht und Gliederung der EHKP 4

Nach der allgemeinen Darstellung des Protokolls EHKP 4 werden zunächst die gewählten Darstellungsmethoden erläutert und die dabei verwendeten formalen Sprachen definiert.

In Kapitel 3 werden die Dienste des Transportmediums durch seine Benutzerschnittstelle implementationsunabhängig beschrieben.

Kapitel 4 enthält die funktionale Beschreibung der Benutzerschnittstelle der Netzwerkschicht, derer sich das Transportmedium bedient.

In Kapitel 5 wird die Abbildung der Dienste der Netzwerkschicht auf die Protokollelemente im Falle eines Netzes mit X.25 Netzzugangsprotokoll dargestellt.

In Kapitel 6 werden die Protokollabläufe definiert. Die Definition bedient sich vorwiegend graphischer Darstellungsmethoden.

Die Optionen

- Wiederherstellungsverfahren (6.8)
- Blocken (6.9)
- Interrupt (6.10)
- Wiederaufbau einer Netzwerkverbindung (6.11)
- Ende-zu-Ende-Quittung (6.12)

werden ohne Integration in die Protokollautomaten beschrieben. Entsprechende Passagen im Text sind mit // gekennzeichnet.

In Kapitel 7 werden die Formate der 'transport-protocol-data-units' und die Semantik ihrer Parameter festgelegt.

In Kapitel 8 wird der Transaktionsdienst beschrieben.

## 1.6 Festlegung der Namen der Dienstprimitive

In DIN/ISO 7498 wurden auch die Bezeichnungen der Dienstprimitive festgelegt. In der vorliegenden Beschreibung der EHKP 4 wird vorerst die ältere Namensgebung beibehalten, d.h. die Begriffe "Confirmation"und "Response" sind gegenüber DIN/ISO vertauscht. Zum Beispiel müßten in Abb. zu 3.2 nach der neuen Festlegung des Reaktion des Partners CONNECT_RESPONSE und das Signal beim Anmelder CONNECT_ CONFIRMATION lauten.

## 1.7 Allgemeine Darstellung des Protokolls EHKP 4

### 1.7.1 Generelle Aufgabenstellung

Das international vereinbarte ISO-Modell für die Architektur Offener Kommunikationssysteme /ISO 79/ ist Basis für die Entwicklung der Einheitlichen Höheren Kommunikationsprotokolle. Die folgende Beschreibung enthält eine mit diesem ISO-Modell verträgliche Definition der Ebene 4. Es wird vorausgesetzt, daß die Ebenen 1 bis 3 von einem Datenpaketvermittlungsnetz oder einem anderen technisch gleichwertigen Netzwerk (z.B. leitungsvermitteltes Netz mit HDLC-Prozedur) abgedeckt werden. Leistungen dieser Ebene 4 sind dann Transportfunktionen, die über das Netzwerk hinweg zwischen den Endsystemen abgehandelt werden (Ende-zu-Ende-Kontrollfunktionen mit Zugriff zum Endsystem).

Bei der Festlegung von Transportprotokoll und Service-Schnittstellen wurden einfache, in heutigen DV-Systemen wirtschaftlich realisierbare und kostengünstig betreibbare Verfahren angestrebt und dennoch längerfristige Gesichtspunkte berücksichtigt. Für unterschiedliche Anwendungen sollen gute Dienstleistungen geboten werden. Durch die Gliederung der Funktionen in Basisumfang und Optionen können unter Berücksichtigung des Prinzips der Offenen Kommunikation bedarfsspezifische kostengünstige Verfahren eingesetzt werden. Die Spezifikation einer Service-Schnittstelle ist notwendige Voraussetzung für die präzise Protokoll-Definition.

Die von den Ebenen 1 bis 3 zur Verfügung gestellten logischen Verbindungen werden im folgenden als Netzwerkverbindungen bezeichnet. Bei Datenpaketvermittlungsnetzen sind Netzwerkverbindungen gewählte virtuelle Verbindungen bzw. feste virtuelle Verbindungen. Die logischen Verbindungen der Ebene 4 heißen Transportverbindungen.

### 1.7.2 Aufgaben von Transportprotokoll und Service-Schnittstellen

Um dieser Aufgabenstellung gerecht zu werden, läßt sich der technische Inhalt der Beschreibung in zwei Bereiche gliedern:

- Das Transportprotokoll beschreibt detailliert die innerhalb der Ebene 4 gültigen Kommunikationsregeln.

- Die Beschreibung der Service-Schnittstellen enthält eine funktionelle Beschreibung der zwischen den Ebenen 3 und 4 sowie 4 und 5 bestehenden Dienstleistungen mit ihren Beziehungen zum Transportprotokoll.

Beispielsweise werden in einem Datenpaketvermittlungsnetz in den Datenpaketen neben Steuerinformationen Inhalte transportiert, die vom Datenpaketvermittlungsnetz weder beachtet noch verändert werden. Diese Inhalte werden also von den Modulen bereitgestellt bzw. bearbeitet, die in den Endsystemen das Transportprotokoll abwickeln. Ein Teil dieser Inhalte sind Steuerinformationen des Transportprotokolls, ein anderer Teil (Nutzdaten) wird als Dienstleistung für die Benutzer des Transportdienstes (Ebenen 5/6/7) transportiert. Das Transportprotokoll enthält eine "bitgenaue" Beschreibung bezüglich der Steuerinformationen, die sogenannte Beschreibung der Formate und eine detaillierte Festlegung der Regeln für den Austausch der dieser Formatbeschreibung entsprechenden logischen Übermittlungseinheiten einschließlich der Behandlung von Fehlerfällen.

Die Dienstleistungen der Transportebene werden den Benutzern des Transportdienstes (Ebenen 5/6/7) über die Transport-Service-Schnittstelle zur Verfügung gestellt. Die Beschreibung der Service-Schnittstelle mit ihrer Beziehung zum Transportprotokoll wirkt sich also zunächst nur auf Abläufe und Aktionen innerhalb der Endsysteme aus. Zur Realisierung in einem DV-System kann daher ein gewisser Implementierungsspielraum genutzt werden, sofern hierdurch an der Schnittstelle zum Netzwerk (z.B. an der Leitung DTE-DCE) und an der Service-Schnittstelle zu den Benutzern des Transportdienstes (Ebenen 5/6/7) keine unzulässige Veränderung der Kommunikationsabläufe sichtbar wird. Bei dieser systemspezifischen Realisierung sind an der Service-Schnittstelle nur die beschriebenen Funktionen sicherzustellen; für die Art und Weise der Ausführung und die Festlegung systeminterner Schnittstellenkommandos hat die folgende Beschreibung nur exemplarischen Charakter.

### 1.7.3 Basisumfang und optionale Erweiterungen

Die jeweiligen Erfordernisse der Anwendungen, Kosten-Nutzen-Gesichtspunkte und die unterschiedlichen Möglichkeiten einzelner DV-Systeme ergeben jeweils unterschiedliche Anforderungen an die Funktionen und Dienste des Transportprotokolls und der Service-Schnittstelle. Um diesen Sachverhalt unter Berücksichtigung der Forderung nach der Kompatibilität zwischen den DV-Systemen Rechnung zu tragen, wurden für die Transportschicht ein Basisumfang und optionale Erweiterungen definiert.

Der Basisumfang legt die Mindestanforderungen für eine kompatible Ende-zu-Ende-Kommunikation fest. In Abhängigkeit von Verkehrsbeziehungen, zusätzlichen Transport-Sicherheitsanforderungen, Verkehrsprofilen usw. kann der Basisumfang um optionale Funktionen erweitert (z.B. Multiplexen, Transport Error Recovery, Blocken) bzw. der Transaktionsdienst eingesetzt werden.

Das Prinzip der Offenen Kommunikation bleibt hierbei dadurch gewährleistet, daß die Hinzunahme von Optionen bei der Eröffnung der Transportverbindungen zwischen den Partnern für jede einzelne Verbindung nach festgelegten Regeln vereinbart wird.

### 1.7.4 Das Transportprotokoll

Im folgenden werden einige Details des Transportprotkolls im Überblick erläutert.

#### 1.7.4.1 Basisumfang des Transportprotokolls

Der Basisumfang (EHKP 4, Basisdienst) umfaßt folgende Funktionen:

- Auf- und Abbau von Transportverbindungen einschließlich Vereinbarung der erforderlichen Betriebsparameter
- Senden und Empfangen von I-Records mit Sequenzkontrolle über Folgenummer in den einzelnen I-Records
- Behandlung von Fehlerfällen ohne Wiederherstellung verlorener Nutzdaten im Transportprotokoll (sogenannte Reset-Wiederherstellung)

Fragmentieren, d.h. die Benutzer des Transportdienstes (Ebenen 5/6/7) übergeben Nachrichten, deren Länge die im Transportprotokoll vereinbarte Länge des Nutzdatenfeldes im I-Record (maximale Recordlänge) überschreitet. Diese Nachrichten werden von der Schicht 4 zerlegt (fragmentiert), innerhalb einer Transportverbindung in mehreren I-Records übermittelt und vom Partner vor Übergabe an die Benutzer des Transportdienstes (Ebenen 5/6/7) wieder zusammengesetzt.

Eine explizite Flußkontrolle ist im Basisdienst nicht vorgesehen. Falls diese durch spezielle Anwendungen nicht ohnehin überflüssig ist (z.B. einfacher Dialog), wird implizit die Flußkontrolle der Ebene 3 genutzt durch Rückstau der Daten an der Schnittstelle 3/4 beim Empfänger und beim Sender.

#### 1.7.4.2 Optionale Erweiterungen

Die folgenden Optionen können bei bestimmten Anwendungsformen und Netzausprägungen zur Erhöhung von Dienstqualität und Wirtschaftlichkeit genutzt werden.

##### Multiplexen

Über eine Netzwerkverbindung können gleichzeitig mehrere voneinander unabhängige Transportverbindungen geschaltet werden (Multiplexen). Über eine Kennung im Header eines jeden Records kann der Record der entsprechenden Transportverbindung zugeordnet werden. In der Regel ist Multiplexen in Verbindung mit der Option "Explizite Flußkontrolle" zu implementieren.

##### Explizite Flußkontrolle

Zusätzlich zu der impliziten Flußkontrolle (back pressure) kann der Datenfluß innerhalb einer Transportverbindung durch eine explizite Flußkontrolle mit einer sogenannten "Fenstertechnik" geregelt werden. Der Sender darf jeweils nur eine vereinbarte Zahl ("Kontingent") von I-Records senden. Über einen Quittungsmechanismus kann er weitere Kontingente beim Empfänger anfordern. Ein in der Aufbauphase vereinbarter Parameter gibt die Anzahl der I-Records an (Kontingent), die ohne zwischenzeitliche explizite Quittung des Empfängers gesendet werden dürfen.

##### Wiederherstellungsverfahren auf Recordbasis (Recovery)

Bei Verlust von I-Records (z.B. aufgrund eines RESET in Ebene 3 bei Paketvermittlung) werden verlorene I-Records nochmals übermittelt. Die Benutzer des Transportdienstes (Ebenen 5/6/7) werden von einer solchen Störung nicht beeinträchtigt.

##### Nutzung optionaler Parameter beim Verbindungsaufbau

Die 'protocol data unit' mit der ein Verbindungsaufbauwunsch mitgeteilt wird ('open'), kann optionale Parameter haben. Die Nutzung dieser Parameter beinhaltet zusätzliche Möglichkeiten bei der Realisierung von Zugriffsbeschränkung (Datenschutz) und Accounting-Funktionen. Über die Parameter "Accountingnummer des Transportmediums beim Partner" (ACC), "Benutzerkennung beim Partner" (UID) und "Password beim Parnter" (PWO) werden hier Sprachmittel bereitgestellt. Über "Version des (Einheitlichen) Protokolls" (EPV) wird die Version des Transportprotokolls vereinbart.

##### Wiederaufbau einer Netzwerkverbindung

Nach Abbruch einer Netzwerkverbindung wird versucht, die Transportverbindung beizubehalten und den Datenverkehr über eine andere Netzwerkverbindung fortzuführen, ohne daß die Benutzer des Transportdienstes (Ebenen 5/6/7) von der Störung beeinträchtigt werden.

Interrupts/Expedited Data

"Interrupt Records" der Transportschicht transportieren Sonderdaten der Benutzer des Transportdienstes (Ebenen 5/6/7) ('expedited data') außerhalb der Flußkontrolle in der Transportverbindung. Die Anwendung muß vorher vereinbart und in der Protokollversion EPV vorgesehen sein. An der Service-Schnittstelle zu den Benutzern des Transportdienstes (Ebenen 5/6/7) sind entsprechende Service-Funktionen erforderlich.

Blocken von mehreren Nachrichten in einen I-Record

Mit dieser Option können mehrere kurze Nachrichten in einem I-Record zur besseren (kostengünstigeren) Nutzung von Transportmedium und Netzwerk transportiert werden. Damit der Empfänger den Inhalt eines solchen I-Records wieder in die ursprünglichen Nachrichten zerlegen kann, sind eine Erweiterung des Record-Headers und ein Längenfeld vor jeder Nachricht vorgesehen.

Transaktionsorientierter Dienst

Für besondere Anwendungen (z.B. kurze Informationen) ist ein spezieller transaktionsorientierter Transportdienst definiert. Er ist vergleichbar dem bei der Paketvermittlung diskutierten Datagramm- bzw. Fast-Select-Dienst. Es werden keine expliziten Transportverbindungen eröffnet, sondern die Daten mit einem einzigen Transaktions-Record übermittelt. Ein Transaktions-Record kann mit einem Antwort-Record beantwortet werden.

#### 1.7.4.3 Struktur der Protokollelemente

Die innerhalb des Transportprotokolls ausgetauschten Protokolleinheiten werden als Records oder gemäß der ISO-Terminologie als 'transport-protocol-data-units' bezeichnet. Ein Record kann bei Nutzung eines Datenpaketvermittlungsnetzes als Datenpaket oder Datenpaketfolge übermittelt werden.

Es ist ein fester Satz von zugelassenen Records definiert. Jeder Record enthält Steuerinformationen für das Transportprotokoll. Man unterscheidet I-Records, die Informationen (Nutzdaten) für die Benutzer des Transportdienstes (Ebenen 5/6/7) transportieren, und S-Records zur Steuerung des Transportprotokolls. Das Transportprotokoll hat die wirtschaftliche, schnelle und fehlerfreie Übermittlung der Nutzdaten zu gewährleisten. I-Records haben eine maximale Recordlänge, die bei Eröffnung der Transportverbindung vereinbart wird.

Jeder Record beginnt mit einem Steuerfeld (Header) von 3 Byte Länge. Der Aufbau dieses Headers ist in Anlehnung an die in X.25 getroffene Definition festgelegt. Ab Byte 4 können Nutzdaten oder weitere Steuerinformationen bzw. Parameterangaben folgen.

### 1.7.5 Im Transportprotokoll verwendete 'transport-protocol-data-units' (Records)

Im Basisdienst des Transportprotokolls werden folgende 'transport-protocol-data-units' (I-Records, S-Records) verwendet.

I-Record

| | |
|---|---|
| 'data' | zum transparenten Transfer von Nutzdaten |

S-Redords

| | |
|---|---|
| 'open' | zur Mitteilung eines Verbindungswunsches |
| 'accepted' | zur positiven Quittierung eines Verbindungswunsches |
| 'reseti' | 'reset indication' zur Information über eine angestoßende Normierung |
| 'resetc' | 'reset confirmation' zur Quittierung von 'reseti' |
| 'close' | zur Mitteilung eines Verbindungsabbauwunsches |
| 'abort' | zur Mitteilung eines Verbindungsabbruchs |
| 'end' | Sprachmittel zur Quittierung mit protokollkontextabhängiger Bedeutung. |

Ferner gibt es aus den optionalen Diensten folgende S-Records:

| | |
|---|---|
| 'openw' | 'open Wiederholung' für die Wiederaufnahme einer Transportverbindung |
| 'status' | zur Abfrage der Empfangsbereitschaft des Partners sowie der Folgenummer, die er im nächsten I-Record erwartet. |
| | 'status' wird beantwortet durch |
| 'rr' | 'receive ready' zum Signalisieren der Empfangsbereitschaft bzw. |
| 'rnr' | 'receive not ready' zum Signalisieren der vorübergehenden Unmögkeit, weiter Daten aufnehmen zu können. |
| | Beide Quittungen ('rr' und 'rnr') enthalten im Header die Folgenummer des nächsten erwarteten I-Records. |
| 'lost' | Anzeige, daß bestimmte I-Records fehlen und nochmals zu übertragen sind. |
| 'reject' | Anzeige eines Sequenzfehlers mit der Angabe, ab welcher Folgenummer die Übertragung der Records zu wiederholen ist. |
| 'inter' | 'Interrupt', zum transparenten Transfer von Sonderdaten der höheren Ebene sowie |
| 'interc' | 'Interrupt confirmation' als Bestätigung von 'inter' seitens des Empfängers verwendet. |

Die verwendeten Records sind entweder "initiativ", d.h. ein Protokoll-Sprachmittel, mit dem ein Automat seinen Partnerautomaten zu einer bestimmten Dienstleistung auffordert ('open', 'reseti', 'close', 'abort', 'data', 'openw', 'inter', 'status', 'lost', 'reject') oder "reaktiv" als Quittungen initiativer Records ('accepted', 'resetc', 'end', 'rr', 'rnr', 'interc').

Einige Records können ein Text-, Parameter- oder Diagnostikfeld zur weiteren Spezifikationen ihrer Funktion haben. Einzelheiten hierzu sowie die genauen Formatierungen siehe Kapitel 7.

## 2. Darstellungsmethodik und Fehlermodell

Nach den in den letzten Jahren gemachten Erfahrungen mit Kommunikationsprotokollen herrscht inzwischen Einigkeit darüber, daß eine adäquate Dokumentation eines Protokolls sich auch formaler Darstellungsmittel zu bedienen hat.

In den folgenden Abschnitten werden die verwendeten Darstellungsmittel zur formalen Beschreibung von Protokollen vorgestellt /BO78/.

Es handelt sich dabei im Abschnitt 2.1 um die Definition einer Spezifikationssprache, in der die von einer Schicht erbrachten Dienstleistungen und deren Auflösung in Schnittstellenereignisse beschrieben werden. Diese zunächst rein syntaktisch charakterisierten Beschreibungselemente werden im Anschluß mit Semantik ausgestattet in den Beschreibungskontext eingebettet.

Im Abschnitt 2.2 wird die Beschreibungssprache für die Protokollautomaten syntaktisch und semantisch definiert.

## 2.1 Formale Beschreibung der Schnittstellen

Die Dienstleistungen einer Schicht für die nächsthöhere bilden die Schnittstelle zwischen diesen beiden Schichten.

Die einzelnen Dienste lassen sich i.a. nicht als eine Aktion - etwa in Form eines Prozeduraufrufs - darstellen; häufig besteht eine Dienstleistung aus mehreren logisch zusammengehörigen Schnittstellensignalen, die auf beiden Seiten der Verbindung auftreten. Zwischen ihrem Auftreten sind i.a. Datentransporte durchzuführen.

Da dieser Transport fehleranfällig ist, darf eine Dienstleistung nicht als eine unteilbare Aktion aufgefaßt werden, von der unterstellt wird, daß sie - eine bekannte Zeitspanne nach ihrem Aufruf - in jedem Fall erfolgreich ausgeführt ist.

Deshalb wird eine Dienstleistung beschrieben durch ein Zusammenspiel mehrerer Schnittstellenereignisse, zwischen deren Auftreten i.a. gerade die kritischen Datentransporte durchzuführen sind. Die Schnittstellenereignisse, die eine Dienstleistung an einem Ende der Verbindung charakterisieren, werden zu einer Ereignisfolge zusammengefaßt. Erst diese Ereignisfolgen sind logisch einem Prozeduraufruf vergleichbar. Bei einer Implementierung könnten sie auch in dieser Weise realisiert werden; das ist aber eine lokale Implementierungsentscheidung.

Dabei erfolgt der Anstoß zu einem solchen Schnittstellenereignis ('interface-event') beim agierenden Prozeß (dem "Initiator") zuerst als Befehl von oben (notiert mit "D" für downward), während die anschließende Antwort als Meldung von unten eintrifft (notiert mit "U" für upward).

Beim reagierenden Prozeß ist diese Reihenfolge vertauscht.

Diese Auflösung einer Dienstleistung in Ereignisfolgen und deren Zerlegung in einzelne Signale ermöglicht es, detailliert folgenden Vorgang zu beschreiben:

- Eine Dienstleistung wird von einem Prozeß A angefordert,
- führt i.a. zu einem Datentransport an einen Prozeß B,
- führt dort zu lokalen Auswirkungen, die i.a. mit einer zurückzuübertragenden Quittung an A gemeldet werden.

Die Auflösung einer Dienstleistung in Schnittstellenprimitive wird wie folgt beschrieben:

- Die Dienstleistungsprimitive, die von der oberen Schicht durch den auslösenden Prozeß gerufen wird, erhält den Namen der auszulösenden Dienstleistung mit angehängtem "_REQUEST", während die darauf eintreffende Antwort durch die Endung "_RESPONSE" gekennzeichnet wird.
- Auf der anderen Seite wird die Dienstleistungsprimitive, mit der dieses Schnittstellenereignis an die darüberliegende Schicht gemeldet wird, durch Anfügen von "_INDICATION" und die darauf erfolgende Antwort durch die Endung "_CONFIRMATION" benannt.

### 2.1.1 Die Metasprache zur Definition der Beschreibungssyntax

Zunächst wird die Beschreibungssyntax zur Beschreibung der Schnittstellen des Transportmediums und der Netzwerkmaschine definiert.

Zur Definition der Beschreibungssyntax werden folgende metasprachlichen Symbole verwendet:

" V " Alternativ kann die Beschreibung durch das links von "V" stehende Beschreibungselement oder durch das rechts davon stehende erfolgen.

" ::= " Die linke Zeichenfolge ist an jeder Stelle ihres Auftretens durch die rechts stehende zu substituieren.

" <...> " Nicht-terminales Symbol.

Alle anderen Zeichenfolgen gehören der Objektsprache an, in der die Dienstleistungen beschrieben werden.

### 2.1.2 Die Beschreibungssyntax

< Dienstleistung > ::= < Name_der_Dienstleistung > :
< n-Tupel_von_Ereignisfolgen >.

< Name_der_Dienstleistung > ::= < Name_der_Dienstleistung_der_Ebene_4 > V
< Name_der_Dienstleistung_der_Ebene_3 >

< Name_der_Dienstleistung_der_Ebene_4 > ::= LIST V IGNORE V
CONNECT V DISCONNECT V
DATA V PUSH V
PURGE

< Name_der_Dienstleistung_der_Ebene_3 > ::= ALLOCATE V DEALLOCATE V
INIT V TERMINATE V
TRANSFER V RESET

< n-Tupel_von_Ereignisfolgen > ::= < Ereignisfolge > V
< Ereignisfolge > &
< n-Tupel_von_Ereignisfolgen >

< Ereignisfolge > ::= < Signal > V
< Signal > ; < Ereignisfolge >

< Signal > ::= < Richtung > < Signalname >
< Parameterliste >

< Parameterliste > ::= NULLV (< Folge_von_Parametern >)

< Folge_von_Parametern > ::= < Parameter > V
< Parameter > , < Folge_von_Parametern >

< Richtung > ::= U V D

Die Substitutionen für <Signalname> und <Parameter> sind bei den einzelnen Dienstleistungen definiert.

## 2.1.3 Die Semantik der Beschreibungselemente und die Systematik der Dienstleistungsbeschreibungen

" : " Die links stehende Dienstleistung äußert sich an den Schnittstellen in den rechts stehenden Ereignisfolgen.

" . " Ende einer Dienstleistungsbeschreibung.

" & " Das Zeichen " & " dient zur Trennung von Beschreibungen verschiedener alternativer Ereignisfolgen, in denen sich eine Dienstleistung an einer Schnittstelle äußert. Im allgemeinen wird eine Dienstleistung von einem Benutzer initiiert und äußert sich in Ereignisfolgen an den Schnittstellen von jeweils zwei Partnern. In diesen Fällen wird zunächst die Ereignisfolge beim Initiator beschrieben, gefolgt von dem Zeichen " & " und der Ereignisfolge beim Reagierenden.

Folgende Sonderfälle können (auch gemischt) auftreten:

1. Eine Dienstleistung äußert sich bei nur einem der Partner in Schnittstellensignalen.
   Dann wird auch nur eine Ereignisfolge beschrieben.

2. Das Medium selbst und nicht ein Benutzer initiiert eine Dienstleistung. Dann entsprechen beide Ereignisfolgen der des reagierenden Partners.

3. Dienstleistungsanforderungen können konkurrierend auftreten. Für angeforderte Dienstleistungen von derselben Art sind die Konfliktbehandlungen jeweils mit der entsprechenden Dienstleistung beschrieben. Sind die angeforderten Dienstleistungen verschiedenartig, so ist die Konfliktbehandlung durch Prioritäten zwischen den Dienstleistungen definiert: die Dienstleistung mit der höheren Priorität wird ausgeführt, die andere zurückgewiesen oder abgebrochen. Die Definition der Prioritäten erfolgt jeweils im Anschluß an die Schnittstellenbeschreibungen.

4. Die Konfliktbehandlung einer Dienstleistungsanforderung und einer vom Medium initiierten Dienstleistung erfolgt wie in 3.

" ; " Eine Schnittstellenereignisfolge besteht i.a. aus einer zeitlichen Abfolge verschiedener Schnittstellensignale (Befehle und Meldungen). Die Signale einer Ereignisfolge sind einzeln in ihrer zeitlichen Reihenfolge beschrieben. Diese Einzelbeschreibungen sind getrennt durch " ; ".

Zu beachten ist dabei: nur die zeitliche Abfolge der Signale an jeder Schnittstelle ist der verbalen Dienstleistungsbeschreibung zu entnehmen. Die zeitliche Verzahnung der Ereignisfolgen an den zwei Partnerschnittstellen entspricht nicht der Beschreibungsreihenfolge, sondern ist jeweils den Kommunikationsdiagrammen zu entnehmen, die die verbale Beschreibung ergänzen.

"(...)" Die Schnittstellensignale können parameterisiert sein. Die Folge_von_Parametern ist in runde Klammern eingefaßt.

| | |
|---|---|
| " , " | Die Parameter sind durch je ein Komma getrennt. |
| " ! " | Der Term kann einen der durch " ! " getrennten Werte annehmen. |
| " NULL " | bezeichnet die leere Zeichenkette. |
| " /.../ " | Die eingefaßten Parameter sind optional. |

Die Semantik der Werte des Beschreibungselements Richtung:

| | |
|---|---|
| " U " (upward): | Das Signal ist von der 'entity n' *) an die 'entity n + 1' gerichtet. |
| " D " (downward): | Das Signal ist von der 'entity n + 1' an die 'entity n' gerichtet. |

### 2.1.4 Lokale Namen

Eine installierte Verbindung ist durch ein Paar lokaler Namen benannt. Diese lokalen Namen werden auf beiden Seiten der Verbindung unabhängig voneinander vom Medium vergeben. Die lokalen Namen dienen dem Transportmedium zur Identifizierung der verschiedenen von ihm verwalteten Transportverbindungen.

Bei jeder von einem der Partner veranlaßten Interaktion werden Initiator und Reagierender unterschieden.
Deswegen werden in den Beschreibungen der Schnittstellenereignisfolgen in der Verbindungsaufbauphase die Bezeichnungen

"lokaler_Verbindungsname_beim_Anrufer" bzw.
"lokaler_Verbindungsname_beim_Angerufenen"

verwendet. Während einer Sitzung sind für das Transportmedium Anrufer und Angerufener nicht mehr unterscheidbar. Dagegen ist bei jeder angeforderten Dienstleistung einer der kommunizierenden Benutzer ihr Initiator. Deswegen werden während der Sitzung die lokalen Verbindungsnamen referiert als:

"lokaler_Verbindungsname_beim_Initiator" bzw.
"lokaler_Verbindungsname_beim_Reagierenden".

*) 'entity' ist ein Begriff des ISO-Modells: jede der 7 Ebenen in einem DV-System wird durch eine 'entity' (= Funktionseinheit) repräsentiert.

## 2.2 Die Notation der Protokollautomaten

Die eigentlichen Protokollabläufe werden als endliche Automaten beschrieben. Die dabei eine Rolle spielenden Elemente sind in der folgenden Abbildung zusammengefaßt.

Ein Zustandsübergang wird ausgelöst durch 'enabling conditions'; als Folge werden 'actions' ergriffen (aufgeteilt in 'local', 'upper interface' und 'lower interface') und der Automat geht in einen neuen Zustand über.

Betont sei der Beschreibungscharakter der definierten endlichen Automaten: zu definieren sind Protokolle, über sie muß Einigkeit bis hin zur bit-weisen Kodierung der auszutauschenden Daten bestehen. Die Semantik dieser Protokolle wird durch die Wirkung der Protokollelemente auf einen Modellautomaten beschrieben, der sich protokollgerecht verhält.

Der Modellautomat seinerseits wird in der üblichen graphischen Darstellung endlicher Automaten beschrieben.

Die das Protokoll erfüllenden 'entities' können verschieden implementiert sein, sie müssen aber bezüglich des Protokolls dasselbe Verhalten zeigen.

Bewährt hat sich die Darstellung einiger typischer Protokollabläufe in Kommunikationsdiagrammen. Diese Diagramme erscheinen bereits in der Beschreibung der Schnittstellen, um die zeitliche Verzahnung der Schnittstellensignale zu veranschaulichen, illustrieren aber auch den Protokollablauf.

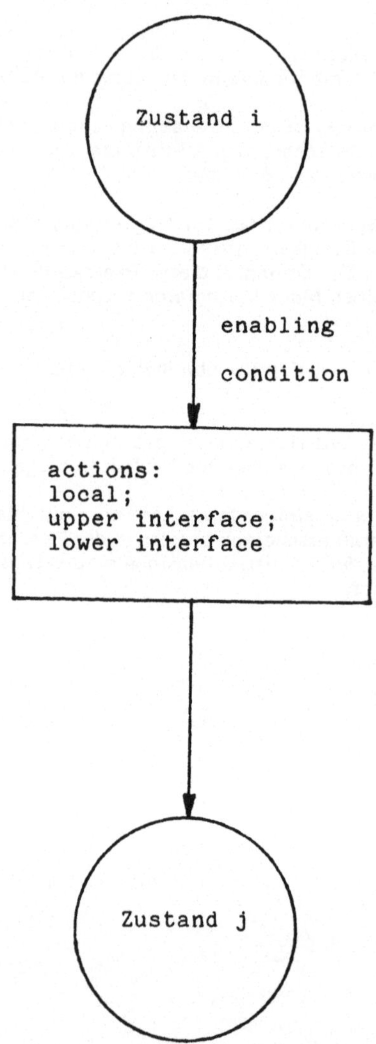


Abb. zu 2.2: Notation der Protokollautomaten

Schnittstellensignale

Als 'enabling conditions' treten auf:

- RESPONSE und INDICATION der Schnittstelle der Netzwerkmaschine sowie REQUEST und CONFIRMATION der Schnittstelle des Transportmediums in der Notation, die in den abstrakten Schnittstellenbeschreibungen definiert ist.

Als 'actions' treten entsprechend auf:

- REQUEST und CONFIRMATION der Schnittstelle der Netzwerkmaschine sowie RESPONSE und INDICATION der Schnittstelle des Transportmediums in der Notation, die in den abstrakten Schnittstellenbeschreibungen definiert ist.

Interne Variable und Timer

Weiterhin benutzen die Modellautomaten interne Variable und interne Timer.

Als 'enabling conditions' bzw. 'actions' treten deswegen des weiteren auf:

- Die Ergebnisse von Abfragen interner Variabler sowie der Ablauf von internen Timern bzw.
- Wertzuweisungen an interne Variable und das Ein- bzw. Ausschalten interner Timer.

  Wertzuweisungen an Schalter werden notiert in der Form:

  < Schaltername > = TRUE

  oder

  < Schaltername > = FALSE

  Die Abfrageergebnisse werden in gleicher Weise notiert. Ob ein derartiger Term eine Wertzuweisung (action) oder ein Abfrageergebnis (enabling condition) ist, ergibt sich aus dem Zusammenhang.

Das Einschalten von Timern zum Überwachen des Eintretens eines Ereignisses wird notiert in der Form:

C TIMER (x, t, on)

und ihr Ausschalten als:

C TIMER (x, off).

Darin stehen: "C" für command
"x" für das zeitüberwachte Ereignis
"t" für die Laufzeit des Timers.

Ein Kommando C TIMER (x, t, on) hat keine Wirkung, falls bereits ein Timer für x eingeschaltet ist.

Ebenso bleibt das Kommando C TIMER (x, off) wirkungslos, falls kein Timer für x eingeschaltet ist.

Ein Timer-Ablauf wird notiert:

E TIMER (x)

"E" steht für 'event' im Sinne einer 'enabling condition'.

Es wird auch ein Timer mit zufallsgesteuerter Laufzeit benötigt (beachte Implementierungshinweise in der Legende zum betreffenden Automaten!).

Sein Ein- bzw. Ausschalten bzw. sein Ablauf wird notiert:

C ZUFALLSTIMER (on) bzw.
C ZUFALLSTIMER (off) bzw.
E ZUFALLSTIMER.

Timer sind so zu implementieren, daß ihr Ablaufen als Ereignis in die Warteschlange der events eingereiht wird, damit sichergestellt ist, daß die Information auch einen Prozeß noch erreicht, der beim Eintreten dieses Ereignisses gerade nicht aktiv ist.

Außerdem treten als 'enabling conditions' die Ergebnisse von Zustandsabfragen an benachbarte Automaten auf, die einen anderen Kanal an demselben Netzzugang verwalten.

Diese Ergebnisse der Abfragen globaler Variabler werden notiert als:

?_ < Variablenname > = TRUE

oder

?_ < Variablenname > = FALSE.

Ferner treten auf:

- Das Generieren von 'enabling conditions' durch den Automaten. Diese generierten 'enabling conditions' werden in dem Automaten selbst wirksam oder in einem benachbarten Automaten, der am selben Netzzugang eine andere Netzwerkverbindung verwaltet, wenn der betroffene Automat in einen Zustand gelangt, in dem diese 'enabling conditions' abgefragt werden.

  Das Generieren von 'enabling conditions' wird notiert in der Form:

  G < Name_der_enabling_condition >

  "G" steht für 'generate'

- Das Abfragen ggf. generierter 'enabling conditions' wird notiert als:

  I < Name_der_enabling_condition >

  wobei "I" für 'investigate' steht.

<u>'transport-protocol-data-units'</u>

Die wesentlichen Protokollabläufe sind aber nicht interner Art, sondern betreffen das Zusammenspiel je zweier das Protokoll realisierender Automaten. Die Verständigung erfolgt dabei über den Austausch von Steuerinformationen und Nutzdaten, die unter dem Namen 'transport-protocol-data-units' zusammengefaßt sind.

Folgende 'transport-protocol-data-units' werden im Basisdienst verwendet:

'open' zur Mitteilung eines Verbindungswunsches

'accepted' zur positiven Quittierung eines Verbindungswunsches

| | |
|---|---|
| 'reseti' | 'reset indication'<br>zur Information über eine angestoßene Normierung |
| 'resetc' | 'reset confirmation'<br>zur Quittierung von reseti |
| 'close' | zur Mitteilung eines Verbindungsabbauwunsches |
| 'abort' | zur Mitteilung eines Verbindungsabbruchwunsches |
| 'end' | Sprachmittel zur Quittierung mit protokollkontextabhängiger Bedeutung |
| 'data' | zum transparenten Transfer von Nutzdaten. |

Ferner gibt es aus den optionalen Diensten folgende 'transport-protocol-data-units':

| | |
|---|---|
| 'openw' | 'open Wiederholung'<br>für die Wiederaufnahme einer Transportverbindung |
| 'inter' | 'Interrupt', zum transparenten Transfer von Sonderdaten der höheren Ebene |
| 'interc' | 'Interrupt confirmation' als Bestätigung von 'inter' seitens des Empfängers |
| 'status' | zur Abfrage der Empfangsbereitschaft des Partners sowie der Folgenummer, die er in der nächsten 'transport-protocol-data-unit' mit Nutzdaten erwartet. |
| 'status' | wird beantwortet durch |
| 'rr' | 'receive ready'<br>zum Signalisieren der Empfangsbereitschaft |
| bzw. | |
| 'rnr' | 'receive not ready'<br>zum Signalisieren der vorübergehenden Unmöglichkeit weiter Daten aufnehmen zu können. |
| 'lost' | Anzeige, daß bestimmte I-Records fehlen und nochmals zu übertragen sind. |
| 'reject' | Anzeige eines Sequenzfehlers mit der Angabe, ab welcher Folgenummer die Übertragung der Records zu wiederholen ist. |

Beide Quittungen ('rr' und 'rnr') enthalten im Header der 'transport-protocol-data-unit' die Folgenummer der nächsten erwarteten 'transport-protocol-data-unit' mit Nutzdaten.

Die verwendeten 'transport-protocol-data-units' sind entweder "initiativ", d.h. ein Protokoll-Sprachmittel, mit dem ein Automat seinen Partnerautomaten zu einer bestimmten Dienstleistung auffordert ('open', 'reseti', 'close', 'abort', 'data', 'openw', 'status', 'inter', 'lost', 'reject') oder "reaktiv" als Quittungen initiativer 'transport-protocol-data-units' ('accepted', 'resetc', 'end', 'rr', 'rnr', 'interc').

Einige der verwendeten 'transport-protocol-data-units' (z.B. 'open', 'accepted') können Parameter haben. Die Bedeutung dieser Parameter sowie deren Kodierungen sind in Kapitel 7 zusammengefaßt.

Das Senden und Empfangen der 'transport-protocol-data-units' geschieht in stets gleicher Weise. U.a. deswegen wird in deren Darstellung Gebrauch gemacht von folgender Strukturierung: Häufige gleichförmige Abläufe werden zunächst kontextunabhängig dargestellt und später mehrfach in verschiedenen Protokollkontexten benutzt. Die Bezugnahme wird dabei sichtbar gemacht durch den Gebrauch des Hochkommas " ' ". So wird z.B. die komplexe Aktion 'c open' ("c" für 'command') realisiert durch den Automaten: "Sende eine 'transport-protocol-data-unit' x ab", mit x = open. Der ebenfalls durch einen Unterautomaten beschriebene Empfang dieser 'transport-protocol-data-unit' wird notiert durch 'e open' ("e" für 'event').

Ähnlich ist die Behandlung der 'transport-protocol-data-units', deren Beantwortung das Protokoll vorschreibt. Die achteckig gezeichneten Zustände sind realisiert durch einen Automaten < X >: < Y1 >, ..., < Xn >; < U >.

Zur Bedeutung der Notation und der Parameter siehe die Legende zum entsprechenden Automaten!

## 2.3 Prinzipien der Datenübergabe und der Fehlerbehandlung

Den abstrakten Schnittstellendefinitionen und den Protokollen liegt das im folgenden beschriebene Fehlermodell zugrunde. In diesem Modell wird für jede Ebene die geforderte Qualität der erbrachten Dienstleistungen definiert.

Die zu spezifizierenden Protokolle bedienen sich zur Erbringung ihrer Dienstleistungen einer "Netzwerkmaschine". Zunächst wird ein Katalog von Übertragungseigenschaften festgelegt, die von einem verwendeten Netz gefordert werden. Damit ist die Zahl der Fehlerklassen, die in den höheren Protokollen behandelt werden müssen, bereits stark reduziert.

Dann werden alle Fehlermöglichkeiten diskutiert.
Im einzelnen werden dabei folgende Fragen behandelt:

- Welche Fehler sind bereits durch das Netz behoben?
- Welche Fehler sind durch das Netz erkannt worden und führen zu entsprechenden Fehlermeldungen an die Datenendeinrichtungen?
- Wie werden diese Fehlermeldungen behandelt?
- Mit welchen Fehlern ist darüberhinaus zu rechnen?
- Welche dieser Fehler werden erkannt?
- Welche erkannten Fehler werden von welcher Ebene behoben?
- Welche Fehler werden nicht entdeckt?

### 2.3.1 Geforderte Eigenschaften des verwendeten Netzes

Die Beschreibung der abstrakten Benutzerschnittstelle der Netzwerkmaschine erfolgt weitgehend unabhängig von der Art des verwendeten Netzes.

Eigenschaften, die nicht bei allen Netzen in gleicher Weise vorhanden sind - etwa die Wahl einer Durchsatzklasse - sind hier nicht beschrieben.

Es erscheint andererseits notwendig, bestimmte Eigenschaften von konkreten Netzwerkmaschinen zu verlangen, auf denen das beschriebene Ebene-4-Protokoll aufsetzen kann:

- Netzwerkverbindungen werden zwischen je zwei Netzadressen zur Verfügung gestellt. Diese Netzadressen identifizieren eindeutig an das Netz angeschlossene Systeme. Die Möglichkeit, ein System über verschiedene Rufnummern, die auch verschiedenen Netzen angehören können, zu erreichen, wird hier nicht ausgeschlossen. Derartige Konflikte müssen aber an anderer Stelle gesondert behandelt werden.

- Die Netzwerkverbindung muß für die Ebene 4 im Gegenbetrieb nutzbar sein.

- Aus der Sicht des Netzbenutzers befördert die Netzwerkmaschine 'network-service-data-units'. Diese werden an der Schnittstelle 4/3 übergeben, vom Netz befördert und beim Empfänger an der Schnittstelle 3/4 zugestellt.

  Konzeptionell werden 'network-service-data-units' nicht in 'interface-data-units' aufgeteilt.

- Die Integrität der 'network-service-data-units' ist - vorbehaltlich ihres Verlustes - von der Netzwerkmaschine im Rahmen der gegebenen Bitfehlerwahrscheinlichkeit zu garantieren.

- Die Erhaltung der Sequenz der 'network-service-data-units' wird von der Netzwerkmaschine garantiert.

- Der Datentransport muß transparent erfolgen.

- Die Länge der 'network-service-data-units' ist seitens der Architektur nicht beschränkt, unterliegt aber Einschränkungen bei der Verwendung spezieller Netze.

- Der mögliche Verlust einer 'network-service-data-unit' muß bis auf eine minimale Restfehlerwahrscheinlichkeit dem Sender und dem Empfänger gemeldet werden (RESET_INDICATION).

- Interne Rücksetzvorgänge der Netzwerkmaschine werden der Ebene 4 ebenfalls mit RESET_INDICATION gemeldet.

- Die Netzwerkmaschine muß diese RESET_INDICATION nicht qualifizieren. Zu erkennen, ob 'network-service-data-units' verlorengegangen sind, obliegt der Transportschicht.

- Die verschiedenen Netzwerkverbindungen müssen voneinander unabhängig sein, insbesondere dürfen verwendete Flußkontrollverfahren nur jeweils eine Netzwerkverbindung betreffen.

- Die Zahl im Netz befindlicher 'network-service-data-units' ist pro Netzwerkverbindung auf 255 begrenzt.

- Vom Netz wird gefordert, daß es dem Benutzer Unterscheidungskriterien anbietet, an Hand derer er feststellen kann, ob das Netz ausgefallen oder inaktiv ist.

### 2.3.2 Fehler und ihre Behandlung

Fehlerhaft aus der Sicht der 'entity' der Ebene n können sein:

- Die verwendeten Protokolle der Ebene n:

  Fehler in den Protokollen sollen durch Sorgfalt beim Entwurf vermieden werden. Formale Verifikationsmethoden sollen möglichst weitgehend eingesetzt werden.

- Das Programm und der Prozessor der das Protokoll realisierenden 'entity':

  Programmierfehler müssen durch Tests eliminiert werden. Durch Implementierungstechniken (z.B. Systemfehlerausgänge, Testfunktionen wie Datenspiegelung, Testhilfen, die unter bestimmten Netzadressen abrufbar sind, Abbruch-Statistiken) können Tests erleichtert werden. Das Protokoll rechnet nicht mit Programmierfehlern.

- Fehler im verwendeten Medium:

  Unter "Medium" wird die Maschine verstanden, derer sich die 'n-entity' und ihre 'peer-entity' zum Erbringen ihrer Dienstleistungen bedienen; das sind auf beiden Seiten der Verbindung alle tiefer liegenden 'entities' (von 1 bis (n-1)), sowie das verwendete Netz.

  Von jedem Medium werden bestimmte Übertragungseigenschaften verlangt, insbesondere muß die Datenübertragung transparent, sequenzerhaltend und duplex sein.

  Die Zustellung der eingespeisten Daten wird vom Medium nicht garantiert. Eingetretener Datenverlust muß aber bei den benutzenden 'entities' angezeigt werden, ebenso der Ausfall des Netzes oder des Kommunikationspartners.

  Darüber hinaus wird das Medium als fehlerfrei angenommen.

- Programmierfehler in der 'peer-entity':

  Es wird vorausgesetzt, daß die 'peer-entity' das Protokoll realisiert.

- Ausfall der 'peer-entity':

  Der vollständige Ausfall einer 'peer-entity' während einer Sitzung wird in den Protokollen vorgesehen und versetzt die Automaten der intakten 'entity' in den jeweiligen 'idle'-Zustand.

- Fehler in einer direkt oder indirekt benutzenden 'entity' oder der Applikation.

  Eine 'entity' trifft keinerlei Fehlererkennungs- oder Korrekturverfahren für Fehler ihrer Benutzer.

### 2.3.3 Datenfehler

- Sequenzfehler:

  Die Sequenzerhaltung der vom Medium übermittelten 'service-data-units' wird vorausgesetzt.

- Vervielfachung von 'service-data-units':

  Es wird vorausgesetzt, daß das Medium keine 'service-data-units' vervielfacht. Bestimmte Protokolle sehen im Fall des Ausbleibens einer Antwort auf eine 'protocol-control-information' deren Wiederholung vor. Diese Verdoppelung ist im Protokoll behandelt.

- Verfälschung von 'service-data-units':

  Die Integrität der an den Empfänger übergebenen 'service-data-units' ist vom Medium im Rahmen der gegebenen Bitfehlerwahrscheinlichkeit zu gewährleisten.

- Datenverlust

  Das Medium garantiert nicht die Zustellung übernommener Daten.

  Gehen Daten im Medium verloren, so fehlen ganze 'service-data-units'. Teile von 'service-data-units' werden nicht an den Empfänger übergeben.

  Der Verlust von 'service-data-units' wird Sender und Empfänger angezeigt.

Die Behandlung von Datenverlust ist wesentlicher Bestandteil der Protokolle. Im folgenden wird die dabei verfolgte Konzeption dargestellt, insbesondere die Fragen:

- Welche Dateneinheiten werden den 'entities' zum Transport übergeben?

- Wie macht sich Datenverlust im Netz und in den Ebenen der protokollrealisierenden Automaten bemerkbar?

- Wie wird ein entdeckter Datenverlust behandelt, insbesondere: von welcher Ebene wird er behandelt?

### 2.3.4 Prinzipien der Datenübergabe

- Jede Ebene hat die Aufgabe, die jeweiligen 'service-data-units' zu transportieren. Die von der Ebene (n+1) verwaltete Struktur einschließlich ihres Headers besteht aus einer oder mehrerer der Unterstrukturen, die von der Ebene n verwaltet werden, außer wenn eine Blockungsfunktion verwendet wird.

- Ein Längsschnitt durch die Architektur zeigt also eine Hierarchie geschachtelter Datenstrukturen.

- Der Datentransport betrifft diese Datenstrukturen. Auf der Senderseite wird von der 'n-entity' an ihrer oberen Schnittstelle jeweils eine von ihr verwaltete Datenstruktur im ganzen übernommen.

- Eine 'n-entity' fragmentiert i.a. ihre Datenstrukturen in die jeweiligen Unterstrukturen, die von der '(n-1)-entity' verwaltet werden.

- Die Unterstrukturen werden an der unteren Schnittstelle im ganzen an die '(n-1)-entity' übergeben.

- Die Übergabe erfolgt aus der Sicht der 'n-entity' an ein Medium, das für die Integrität der Unterstrukturen verantwortlich ist.

- Das Medium garantiert nicht die Zustellung der ihm übergebenen Unterstrukturen, es garantiert aber die Integrität der dem Empfänger übergebenen Unterstrukturen.

- Beiden kommunizierenden Partnern wird jeder Datenverlust durch die entsprechende Rücksetz-Indikation angezeigt. Diese Rücksetz-Indikation ist aber i.a. nicht spezifisch für den Verlust von Nutzdaten, sondern kann auch andere Ursachen haben, z.B. den Verlust von Steuerdaten tieferer Ebenen.

- Die Verfahren zum Erkennen und Beheben von Datenverlusten unterscheiden sich für Steuer- und für Nutzdaten.

- Bei Nutzdaten prüft die 'n-entity' der Empfangsseite die Vollständigkeit der Sequenz von Unterstrukturen.

- Wird bei der Vollständigkeitsprüfung das Fehlen einer oder mehrerer Unterstrukturen festgestellt, so werden von der 'n-entity' an ihrer oberen Schnittstelle keine Daten übergeben.

- Fehlerbehebung in der Transportebene

  Automatische Recovery-Verfahren bei Nutzdatenverlust sind nur in der Ebene 2 und optional in der Ebene 4 vorgesehen. Die empfangenden 'entities' der Ebenen 3 und 4, wenn dort nicht mit einer Recovery-Option gearbeitet wird, melden den Datenverlust ihren Benutzern und der sendenden 'peer-entity'. Jeder nicht behobene Verlust von Nutzdaten wird so schließlich den Benutzern mitgeteilt, die z.B. mittels der Ebene-5-Funktion CHECKPOINT_RESET das nochmalige Senden ihrer 'recovery-units' veranlassen können.

- Erhält der Sender von Nutzdaten vom Empfänger die Nachricht, daß Nutzdaten verloren gegangen sind und wird in der Ebene kein automatisches Recovery-Verfahren eingesetzt, so löscht er daraufhin alle noch nicht abgeschickten Unterstrukturen, die zu einer teilweise bereits gesendeten 'service-data-unit' gehören.

- Wurde bei der Vollständigkeitskontrolle kein Datenverlust festgestellt und ist eine Datenstruktur vollständig aus ihren Unterstrukturen aufgebaut, so wird die Struktur integer an der oberen Schnittstelle übergeben. Empfangene Unterstrukturen werden i.a. nicht einzeln übergeben.

- Steuerdaten für die '(n+1)-entity' sind für die 'n-entity' nicht als Steuerdaten erkennbar. Die 'n-entity' reagiert auf den Verlust von Steuerdaten der nächsthöheren Schicht in gleicher Weise wie auf den Verlust von Nutzdaten.

- Jedes Protokoll muß deswegen Maßnahmen für den Fall vorsehen, daß statt einer erwarteten Steuernachricht eine Rücksetz-Indikation empfangen wird.

- Zero Buffer Assumption

  Die Benutzer des Transportmediums dürfen in ihren Protokollen nicht das Vorhandensein von Pufferkapazität im Transportmedium voraussetzen. Ihre Protokolle müssen auch dann funktionieren, wenn das Medium keinerlei Puffer besäße (siehe /RA 78/).

Implementierungshinweis:

Beschränkungen der verfügbaren Pufferkapazitäten der 'n-entity' können Ausnahmen von diesen Grundsätzen erforderlich machen. Dann ist aber die Schnittstelle so zu implementieren, daß die Integrität der logisch übergebenen Datenstruktur gewahrt bleibt. Sende- und empfangsseitig sind dann übergebene Unterstrukturen als Unterstrukturen zu kennzeichnen.

Die '(n+1)-entity' ist dann verpflichtet, im Falle einer Rücksetz-Indikation alle zum Aufbau einer noch nicht vollständigen Datenstruktur noch zu sendenden bzw. bereits erhaltenen Unterstrukturen zu löschen.

## 3 Abstrakte Schnittstelle zwischen dem Transportmedium und seinen Benutzern

Das Transportmedium stellt je zwei Benutzern einen Nachrichten-Transportdienst zur Verfügung. Der Transportdienst umfaßt den Aufbau, das Betreiben und den Abbau der Transportverbindungen und ist aus der Sicht des Benutzers duplex.

Damit sich ein Benutzer dieser Dienstleistungen bedienen kann, muß eine Schnittstelle zwischen dem Benutzer und dem Transportmedium definiert sein. Die Ausprägung dieser Schnittstelle ist von der jeweiligen Implementierung abhängig. Zwei Partner können ohne Einschränkung für die Nutzung des Transportmediums unterschiedliche Schnittstellenausprägungen implementiert haben. Einigkeit muß nur über das Transportprotokoll bestehen, das aber an der Schnittstelle nicht sichtbar sein sollte.

An der Schnittstelle ebensowenig sichtbar ist, ob sich die Ebene 4 der Funktionen einer tieferen Ebene bedient. Der Benutzer kann lediglich über seine Schnittstelle zum Transportmedium Nachrichten zu einem Partnerbenutzer schicken und Nachrichten von diesem empfangen. Diese Zusammenhänge sind in der folgenden Abbildung dargestellt.

Im folgenden wird die Schnittstelle zwischen Benutzer und Transportmedium abstrakt beschrieben. "Abstrakt" heißt hier: beschrieben werden keine Implementierungen, sondern die Dienstleistungen des Transportmediums.

Dazu werden Schnittstellensignale definiert und benannt. Nur insoweit es für die Beschreibung notwendig ist, werden diese Signale parametrisiert. Die Zuordnung der Dienstleistungen zu den parametrisierten Signalen ist lediglich ein Darstellungsmittel und soll keine Implementierungsdetails festschreiben.

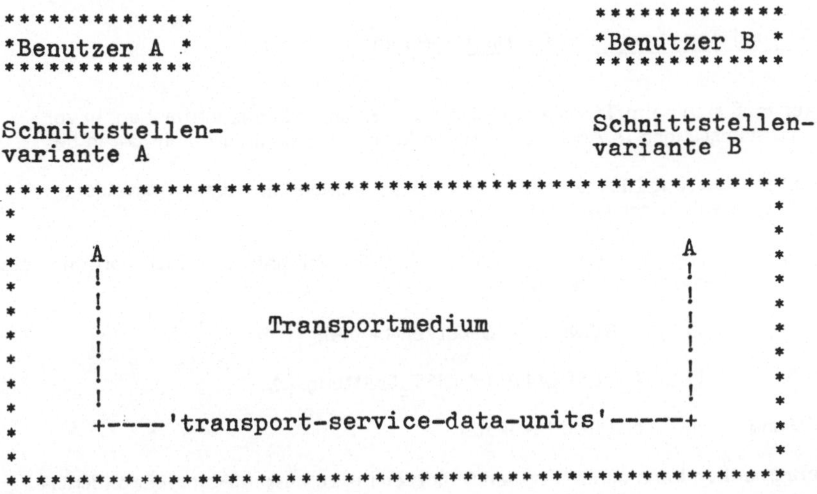


Abb. zu 3: Das Transportmedium und seine Schnittstellen

Zwei Benutzer können unterschiedliche Varianten der Schnittstelle zum Transportmedium verwenden. Im folgenden sind nicht die Varianten beschrieben, sondern die Dienstleistungen, die das Transportmedium seinen Benutzern anbietet.

## 3.1 Das An- und Abmelden beim Transportmedium

Ein Benutzer muß sich beim Transportmedium anmelden und bekanntmachen, bevor er dessen Dienstleistungen in Anspruch nehmen kann. Dies wird durch die unten beschriebene Dienstleistung LIST erreicht. Selbstverständlich kann diese Anmeldung auf andere Art, etwa bei der Generierung erfolgen.

Im übrigen ist diese Dienstleistung rein lokaler Art. Sie beinhaltet (in ISO-Terminologie) das Belegen eines 'service-access-points'.

LIST: D LIST_REQUEST (Benutzer-Name);

U LIST_RESPONSE ( < LIST_Quittung > ).

< LIST_Quittung > ::= accepted ! rejected

Das Transportmedium kann danach seinen Benutzer bis zu dessen Abmeldung identifizieren. Die Abmeldung erfolgt durch:

IGNORE: D IGNORE_REQUEST (Benutzer-Name);

U IGNORE_RESPONSE.

Über das Transportmedium ist der Benutzer nach seiner Abmeldung für keinen anderen Benutzer erreichbar.

## 3.2 Aufbau einer Transportverbindung

Für den Nachrichtenaustausch über das Transportmedium benötigen zwei Benutzer eine Transportverbindung. Deren Aufbau wird mit folgender Dienstleistung angeboten:

CONNECT: D CONNECT_REQUEST (Name_des_Angerufenen, *)
Name_der_Anschlußstelle_des_Angerufenen
/, Nachricht_an_den_Angerufenen/
/, gewünschte_Durchsatzklasse/
/, gewünschtes_Transportprofil/
/, weitere_optionale_Parameter/ );

U CONNECT_RESPONSE (Name_des_Angerufenen, *)
Name_der_Anschlußstelle_des_Angerufenen,
< Quittung_beim_Anrufer >,
/Nachricht_vom_Angerufenen,/ **)
lokaler_Verbindungsname_beim_Anrufer )

&

< Schnittstellenereignisse_beim_
Angerufenen >.

< Quittung_beim_Anrufer > ::= ausgewähltes_Transportprofil!
< Ablehnungsgrund >

< Ablehnungsgrund > ::= Angerufener_nicht bekannt !
Angerufener_belegt!
Transportmedium belegt!
gewünschte_Durchsatzklasse_nicht_möglich !
Contention ! Protokollfehler !
Verbindung_auf_anderer_Netzwerkverbindung !
'reject'_des_Angerufenen

Die Ablehnungsgründe können noch weiter qualifiziert werden.

Der Begriff "Contention" bedeutet, daß sich zwei Verbindungswünsche kreuzten, die dasselbe Prozeßpaar betrafen.

---

*) Der Parameter "Name_der_Anschlußstelle_des_Angerufenen" muß netzweit eindeutig sein.
Das Namenspaar ("Name_des_Angerufenen", "Name_der_Anschlußstelle_des_Angerufenen") ist die Identifikation eines Prozesses.

**) Die CONNECT_RESPONSE kann nur im Contention-Fall eine "Nachricht_vom_Angerufenen" tragen.

Die Funktion CONNECT steht unabhängig von etwaigen Eigentumsrechten an Netzwerkverbindungen des verwendeten Netzes allen Benutzern des Transportmediums zur Verfügung.

Das Transportmedium versucht, falls erforderlich, eine Transportverbindung der geforderten Durchsatzklasse aufzubauen. Gelingt dies nicht, so meldet das Medium den Ablehnungsgrund, der ein Fehler des rufenden Benutzers, ein Fehler oder Engpass im Transportmedium oder ein Fehler oder Engpaß beim Angerufenen sein kann.

Liegen derartige Ablehnungsgründe nicht vor, so wird der Angerufene vom Verbindungswunsch des Anrufers informiert. Der Angerufene kann der Transportverbindung zustimmen oder sie ablehnen. Als Kriterium dafür kann ihm u.a. Information dienen, die in der transparent übertragenen "Nachricht_an_den_Angerufenen" enthalten sein kann.

< Schnittstellenereignisse_beim_Angerufenen >::=

U CONNECT_INDICATION (Name_des_Anrufers,
Name_der_Anschlußstelle_des_Anrufers,
/Nachricht_des_Anrufers,/
/Durchsatzklasse,/
lokaler_Verbindungsname_beim_Angerufenen
/, weitere_optionale_Parameter/ );

D CONNECT_CONFIRMATION (Name_des_Anrufers,
Name_der_Anschlußstelle_des_Anrufers,
< Quittung_beim_Angerufenen > ).

< Quittung_beim_Angerufenen > ::= accepted ! rejected

Die zeitliche Abfolge der Schnittstellenereignisse ist der folgenden Abbildung zu entnehmen.

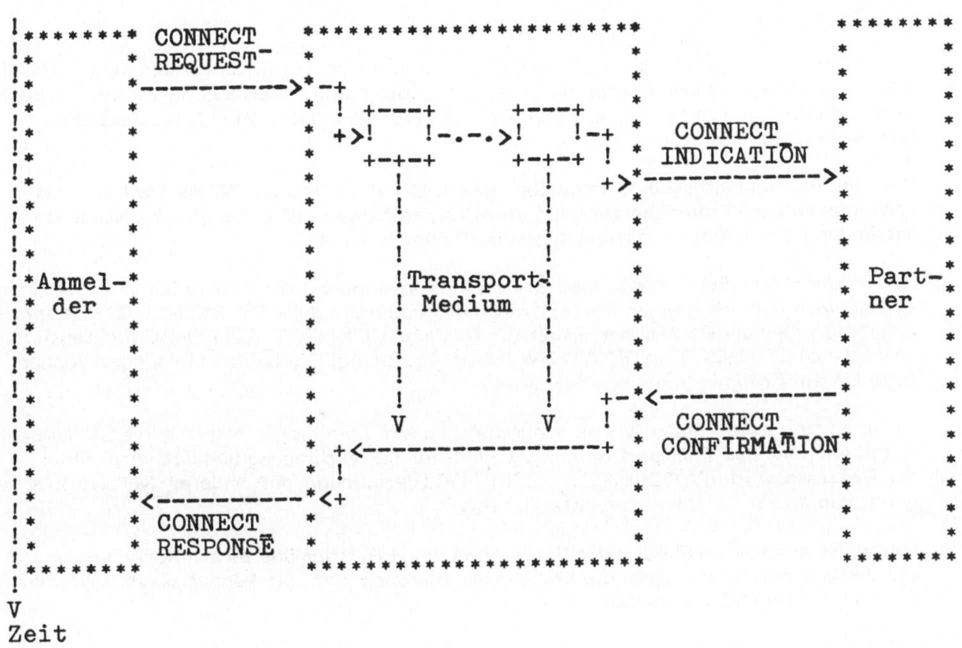


```
! +---+
+>!   !- Auf Grund interner Bedingungen des Transportmediums
  +---+  erfolgen alternativ verschiedene Schnittstellensignale.
```

Abb. zu 3.2: Die zeitliche Abfolge der Schnittstellenereignisse beim konfliktfreien Verbindungsaufbau

### 3.2.1 Konfliktsituationen beim Verbindungsaufbau

Es gibt zwei mögliche Konfliktfälle beim Verbindungsaufbau:

#### 1. Contention

Eine "Contention" liegt vor, wenn zwei Partner, die eine Verbindung zueinander herstellen wollen, gleichzeitig ihren Verbindungswunsch äußern. Diese Verbindungswünsche kreuzen sich dann im Transportmedium. Das kann auf einer oder auf zwei unterschiedlichen Netzwerkverbindungen geschehen.

Wird als Ablehnungsgrund "Contention" gemeldet, so heißt das, daß der Partner, mit dem man selbst Verbindung aufnehmen wollte, seinerseits über die gleiche Netzwerkverbindung den gleichen Verbindungswunsch geäußert hat.

Das Transportmedium baut in diesem Fall eine Verbindung auf. Der erfolgte Verbindungsaufbau wird dann dem einen Partner mit der Meldung CONNECT_RESPONSE (accepted) angezeigt. Der andere Partner erhält die Meldung CONNECT_RESPONSE (contention) gefolgt von CONNECT_INDICATION. (Siehe Abbildung! Die beiden Meldungen können auch als ein Ereignis implementiert sein).

Kreuzen sich zwei gleiche Verbindungswünsche auf verschienen Netzwerkverbindungen, so entscheidet das Transportmedium, welche für die Verbindung benutzt wird. Einer der Prozesse wird mit CONNECT_RESPONSE (Verbindung_auf_anderer_Netzwerkverbindung) von dieser Entscheidung unterrichtet.

Damit ist erreicht, daß bei jeder Verbindung beide Partner übereinstimmend wissen, auf wessen Veranlassung hin die Verbindung zustande kam. Sie können diese Asymmetrie für ihre Protokolle verwenden.

#### 2. Collision

Der Versuch, dieselbe Netzwerkverbindung für unterschiedliche Transportverbindungen zu benutzen, heißt "Collision". Das Transportmedium versucht, eine "Collision" aufzulösen. Dabei wird ein Verbindungswunsch erfüllt, der andere zurückgewiesen. Das geschieht zufallsgesteuert, um keine Benutzer zu bevorzugen. Das hat zur Folge, daß nicht alle "Collisions" aufgelöst werden können.

Eine nicht durch das Transportmedium aufgelöste "Collision" äußert sich durch Ablehnung des Verbindungswunsches mit Ablehnungsgrund "belegt" (lokal oder fern). In diesem Fall kann es für den Benutzer sinnvoll sein, nach einer Wartezeit den Verbindungswunsch zu wiederholen.

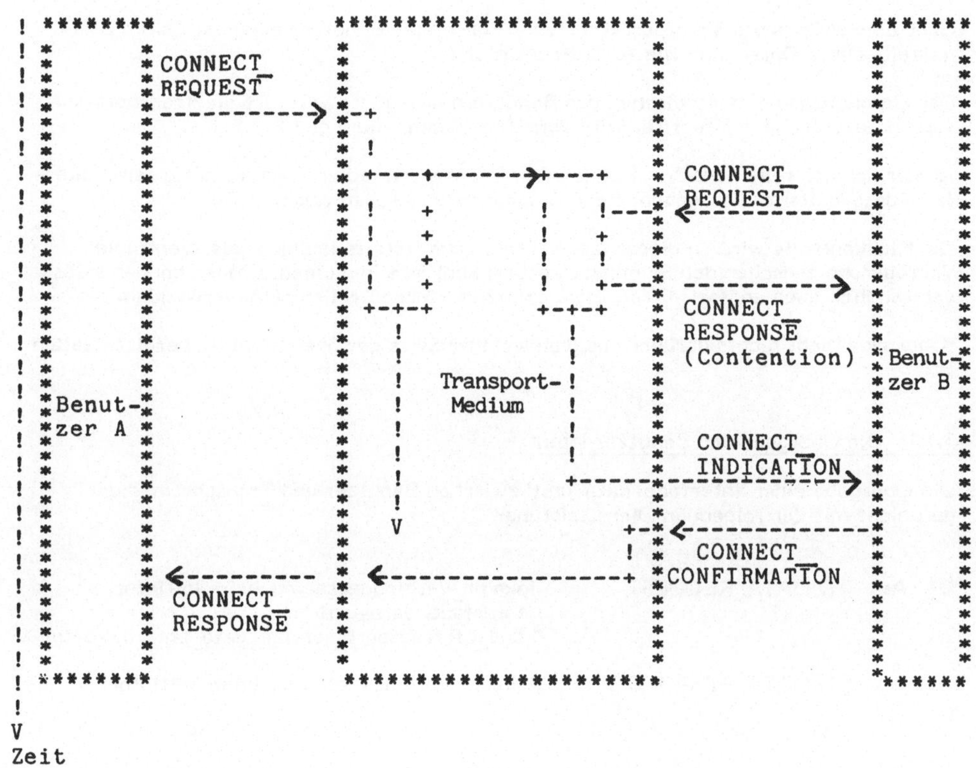


Abb. zu 3.2.1: Die zeitliche Abfolge der Schnittstellenereignisse beim Verbindungsaufbau im CONTENTION-Fall

## 3.3 Datenverkehr

Über eine aufgebaute Transportverbindung können die Benutzer einander Daten übermitteln. Diese Daten sind wie folgt strukturiert:

Das Datenquantum, das zwischen den Benutzern übergeben wird, ist die 'transport-service-data-unit'. Ihre Integrität wird vom Transportmedium gewährleistet.

An der Schnittstelle zwischen Benutzer und Transportmedium kann es nötig sein, 'interface-data-units' zu übergeben, siehe Implementierungshinweis in 2.3.4.

Die Flußkontrolle wird an dieser (abstrakten) Schnittstelle lediglich als eventuelle Verzögerung zwischen den Signalen sichtbar; konkrete Implementationen können selbstverständlich auch andere Mittel, etwa explizite Flußkontrollsignale, verwenden.

"Übergabe" sagt nichts darüber aus, von welcher Seite der Speicherplatz bereitzustellen ist.

### 3.3.1 Die Übergabe von Benutzerdaten

Die Übergabe einer 'interface-data-unit' zwischen Benutzer und Transportmedium geschieht mit der folgenden Dienstleistung:

| | | |
|---|---|---|
| DATA: | D DATA_REQUEST | (lokaler_Verbindungsname_beim Initiator,<br>< interface-data-unit >,<br>< end_of_transport_service_data_unit_indicator > ) ; *) |
| | U DATA_RESPONSE | (lokaler_Verbindungsname_beim_Initiator) |
| | & | |
| | U DATA_INDICATION | (lokaler_Verbindungsname_beim_Reagierenden,<br>< interface-data-unit >,<br>< end_of_transport_service_data_unit_indicator > ) ; *) |
| | D DATA_CONFIRMATION | (lokaler_Verbindungsname_beim_Reagierenden). |

< interface-data-unit > ::= zu übergebendes Datum oder auch Referenz auf dieses

< end_of_transport_service_data_unit_indicator > ::= TRUE ! FALSE

Mit dem jeweils zweiten Signal (DATA_RESPONSE, bzw. DATA_CONFIRMATION) ist das Datum akzeptiert, und es kann ab diesem Zeitpunkt ein weiteres Datum übergeben werden.

---

*) Wenn 'interface-data-unit' = 'transport-service-data-unit', so < end_of_transport_service_data_unit_indicator > = TRUE

### 3.3.2 Das Erzwingen des Abschickens von Benutzerdaten

Mit der Übergabe von 'transport-service-data-units' ist i.a. nicht implizit deren Absenden verbunden, etwa weil mehrere 'transport-service-data-units' in eine 'network-service-data-unit' geblockt werden können.

Will ein Benutzer, daß alle von ihm bis zu diesem Zeitpunkt übergebenen 'transport-service-data-units' abgeschickt werden, etwa weil ein Richtungswechsel bei der Übertragung vorgenommen werden soll, so kann er dies durch die Dienstleistung PUSH veranlassen.

PUSH: D PUSH_REQUEST (lokaler_Verbindungsname_beim_Initiator);

U PUSH_RESPONSE(lokaler_Verbindungsname_beim_Initiator).

Erst nach erfolgter PUSH_REPONSE kann der Benutzer erneut Daten übergeben.

PUSH hat auch Einfluß auf den Zeitpunkt von Nutzdatenverlust-Meldungen:

Wird eine mit D DATA_REQUEST übergebene 'transport-service-data-unit' mit D PUSH_ REQUEST "abgeschickt", so wird der Benutzer von einem eventuellen Verlust dieser 'transport-service-data-unit' unmittelbar benachrichtigt (U PURGE_INDICATION, siehe 3.4).
Ohne Verwendung der Dienstleistung PUSH wird ein im Transportmedium eingetretener Datenverlust zwar auch bemerkt und gemeldet, aber erst zu dem Zeitpunkt, an dem weitere Daten in derselben Übertragungsrichtung befördert werden.

Eine frühzeitige Verlust-Anzeige ist beispielsweise nötig, wenn das Benutzer-Protokoll die Beantwortung einer Nachricht durch den Partner sowie ein Warten auf diese Antwort vorschreibt.

D PUSH_REQUEST ist nur im Anschluß an eine vollständig übergebene 'transport-service-data-unit' erlaubt.

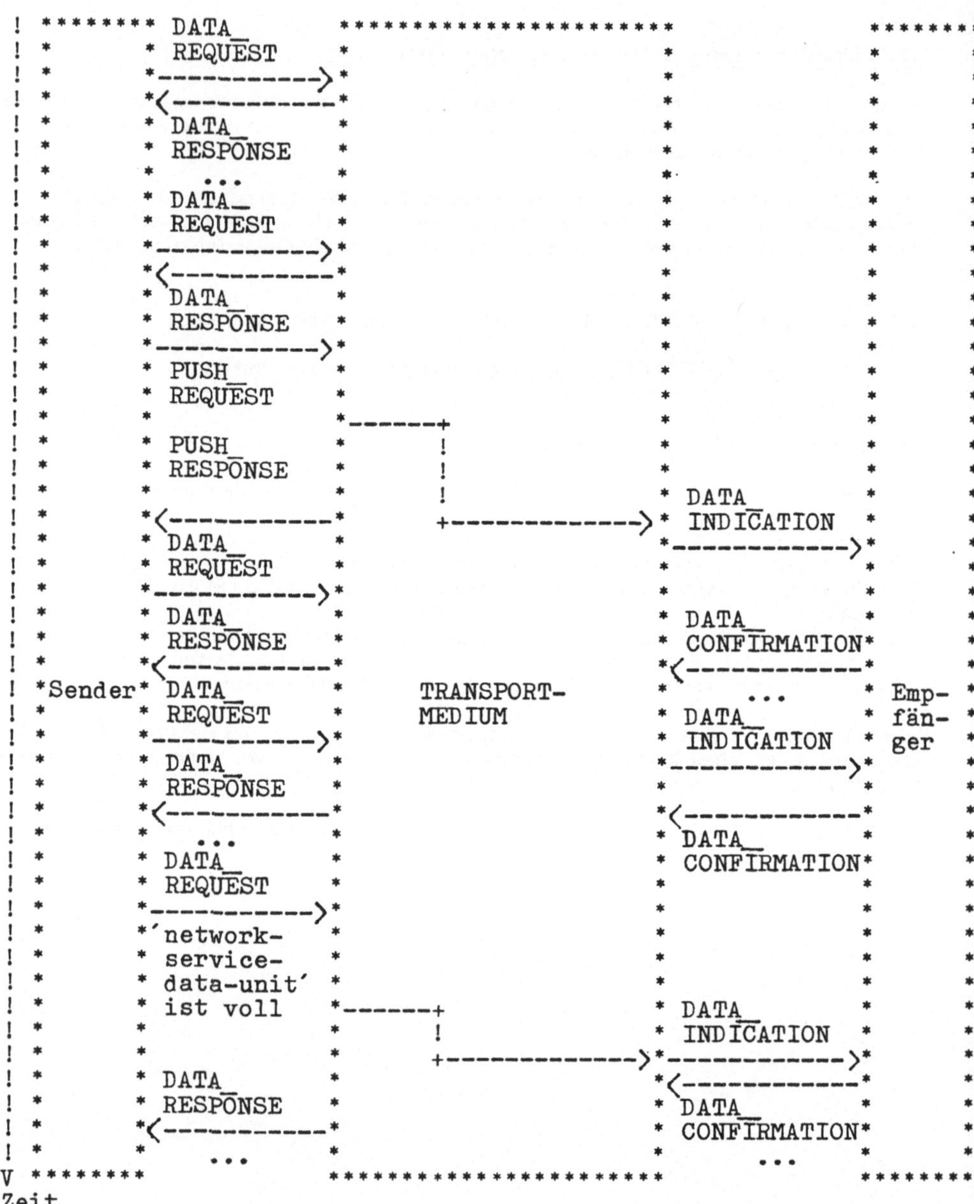


Abb. zu 3.3: Beispiel für die zeitliche Abfolge der Schnittstellenereignisse beim Senden von Daten.

Die Bedingungen, unter denen das Transport-Medium eine 'network-service-data-unit' abschickt, sind:

1) Der Initiator übergibt PUSH_REQUEST oder

2) eine (interne) 'network-service-data-unit' ist voll oder

3) eine 'transport-service-data-unit' ist zu Ende und die Option Blocken wurde nicht gewählt.

## 3.4 Rücksetzen einer Transportverbindung

Das Transportmedium stellt seinen Benutzern folgendes elementare Mittel zur Synchronisation und Normierung zur Verfügung. Es besteht im Löschen aller im Transportmedium befindlichen 'transport-service-data-units' der Verbindung.

Außerdem wird die Flußkontrolle in ihren Ausgangszustand versetzt. Der Partner wird vom Rücksetzen unterrichtet. Die Auflösung der Dienstleistung in Schnittstellenereignisse:

PURGE: D PURGE_REQUEST (lokaler_Verbindungsname_beim_Initiator /, PURGE_Grund_des_Initiators/);

U PURGE_RESPONSE (lokaler_Verbindungsname_beim_Initiator /, ferner_Grund_für_PURGE/ )

&

U PURGE_INDICATION (lokaler_Verbindungsname_beim_Reagierenden /, PURGE_Grund_des_Initiators/);

D PURGE_CONFIRMATION (lokaler_Verbindungsname_beim_Reagierenden).

Im konfliktfreien Fall enthält die PURGE_RESPONSE keinen 'fernen_Grund_für_PURGE'.

Das Rücksetzen der Transportverbindung kann auch vom Transportmedium selbst ausgelöst sein. In diesem Falle wird auf beiden Seiten eine U PURGE_INDICATION übergeben.

### 3.4.1 Konfliktfälle beim Rücksetzen

1. Beide Partner können den Befehl PURGE_REQUEST geben. Dann wird beiden vom Transportmedium PURGE_RESPONSE gemeldet. 'Ferner_Grund_für_PURGE' enthält dabei den PURGE-Grund des jeweiligen Partners.

2. Ein PURGE eines Benutzers kann mit einem vom Transportmedium selbst initiierten PURGE kollidieren. In diesem Fall klassifiziert 'ferner_Grund_für_PURGE' die PURGE-Ursache des Transportmediums. Diese Klassifizierung ist dem Benutzer als vom Medium generierte erkennbar.

## 3.5 Abbau einer Transportverbindung

Die Benutzer können zu beliebiger Zeit dem Transportmedium den Abbau der Transportverbindung befehlen. Dieser Verbindungsabbau kann destruktiv sein, so daß im Transportmedium befindliche Daten u.U. nicht mehr übermittelt werden. Deswegen müssen i.a. die Benutzer des Transportmediums eigene Endekriterien ihres Datentransfers vereinbaren. Erst wenn die Endebehandlung der Benutzer abgewickelt ist, sollte einer von ihnen DISCONNECT geben.

Die Spezifikation der Abbaudienstleistung:

| | | |
|---|---|---|
| DISCONNECT: | D DISCONNECT_REQUEST | (lokaler_Verbindungsname_<br>beim_Initiator); |
| | U DISCONNECT_RESPONSE | (lokaler_Verbindungsname_<br>beim_Initiator) |
| | & | |
| | U DISCONNECT_INDICATION | (lokaler_Verbindungsname_<br>beim_Reagierenden,<br>< Grund_für_DISCONNECT >). |
| < Grund_für_DISCONNECT > | ::= | vom_Partner_initiiert!<br>Partner_ausgefallen!<br>von_der_Netzwerkmaschine_<br>initiiert!<br>Netzwerkmaschine_ausgefallen!<br>Protokollfehler!<br>< Weitere_implementierungs-<br>abhängige_Gründe > |

Das letztgenannte Schnittstellensignal informiert einen Benutzer über einen nicht von ihm initiierten Verbindungsabbau.

### 3.5.1 Konfliktsituation beim Verbindungsabbau

Kreuzen sich zwei dieselbe Verbindung betreffende Abbaubefehle, so werden beide mit DISCONNECT_RESPONSE beantwortet.

## 3.6 Konfliktbehandlung unterschiedlicher Dienstleistungsanforderungen

Konkurrierend auftretende unterschiedliche Dienstleistungen werden nach der folgenden natürlichen Priorität behandelt (in absteigender Reihenfolge notiert).

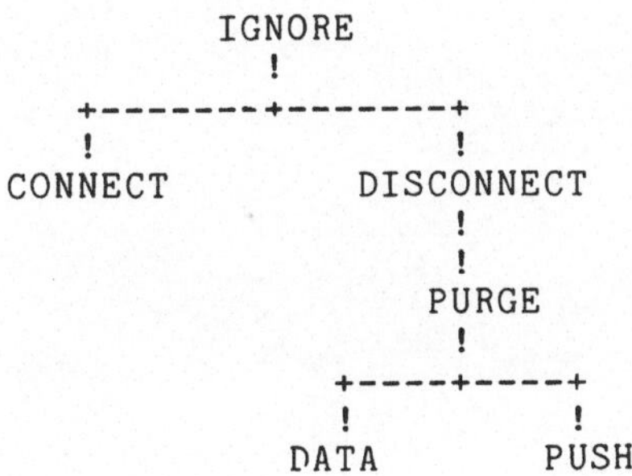


DATA und PUSH können nicht konkurrierend auftreten. Die jeweils priore Dienstleistung wird ausgeführt, die andere abgebrochen oder zurückgewiesen.

Nur solche Dienstleistungen, zwischen denen hier eine Priorität definiert ist, dürfen konkurrierend auftreten. Alle übrigen Konkurrenzsituationen werden innerhalb des Transportmediums erkannt und führen zum Verbindungsabbruch mit der Meldung "Protokollfehler".

## 4 Abstrakte Schnittstelle zwischen der Netzwerkmaschine und ihren Benutzern

Das Transportmedium bedient sich zur Erbringung der Dienstleistungen, die es seinen Benutzern anbietet, u.a. der Dienstleistungen, die ihm von der Ebene 3 angeboten werden (siehe /ISO79a/).

Die Schnittstelle zwischen Ebene 3 (Netzwerk) und Ebene 4 (Transport), an der diese Dienstleistungen erbracht werden, wird hier beschrieben.

Welcher Art das unterstützende Netz ist, interessiert hier zunächst nicht, auf Eigenschaften von X.25 wird nicht Bezug genommen.

## 4.1 Das Anmelden bei der Netzwerkmaschine

Ein Benutzer der Netzwerkmaschine muß dieser bekannt und bei ihr angemeldet sein, bevor er deren Dienstleistungen in Anspruch nimmt. Dies wird durch die unten beschriebene Dienstleistung ALLOCATE erreicht. Selbstverständlich kann dieses Bekanntmachen auch auf andere Weise, etwa bei der Generierung erfolgen.

ALLOCATE: D ALLOCATE_REQUEST (Benutzer-Name);
U ALLOCATE_RESPONSE ( < ALLOCATE_Quittung > ).

< ALLOCATE_Quittung > ::= accepted ! rejected

Die Netzwerkmaschine kann danach ihren Benutzer bis zu dessen Abmeldung identifizieren.

## 4.2 Das Abmelden bei der Netzwerkmaschine

Die Abmeldung erfolgt durch die Dienstleistung:

DEALLOCATE: D DEALLOCATE_REQUEST (Benutzer-Name);

U DEALLOCATE_RESPONSE.

Über die Netzwerkmaschine ist der Benutzer nach seiner Abmeldung für keinen anderen Benutzer erreichbar.

## 4.3 Der Aufbau von Netzwerkverbindungen

Im allgemeinen bietet ein Netz zum Verbindungsaufbau eine Dienstleistung der folgenden Art an:

INIT: D INIT_REQUEST (Netzadresse_des_Gerufenen,
< Nachricht_an_den_Gerufenen >
/, Durchsatzklasse/);

U INIT_RESPONSE ( < Quittung_beim_Rufer >,
/ < Nachricht_vom_Partner > ,/ *)
lokaler_Name_beim_Rufer)

&

U INIT_INDICATION (Netzadresse_des_Rufers,
lokaler_Name_beim_Gerufenen,
< Nachricht_an_den_Gerufenen > );

D INIT_CONFIRMATION ( < Quittung_beim_Gerufenen >,
lokaler_Name_beim_Gerufenen).

< Quittung_beim_Rufer > ::= erfolgreich ! belegt !
zurückgewiesen

*) Die INIT_RESPONSE kann nur im Fall einer Call-Collision eine Nachricht_vom_Partner tragen. Diese Nachricht ist dann die im INIT_REQUEST des Partners übergebene.

| | | |
|---|---|---|
| < Quittung_beim_Gerufenen > | ::= | akzeptiert ! zurückgewiesen !<br>< weitere_Gründe > |
| < weitere_Gründe > | | sind vom Netz und der Implementierung abhängig |
| < Nachricht_an_den_Gerufenen > | | wird transparent übergeben |
| < Nachricht_vom_Partner > | | wird transparent übergeben |

Die Netzwerkverbindung steht zur Verfügung, wenn beim Rufer die Sequenz

D INIT_REQUEST

U INIT_RESPONSE (erfolgreich)

und beim Gerufenen die Sequenz

U INIT_INDICATION

D INIT_CONFIRMATION (akzeptiert)

abgelaufen ist.

Die Netzwerkverbindung wird im weiteren unter "lokaler_Name...." referiert.

Die Unterscheidung zwischen Rufer und Gerufenem ist dann ohne Bedeutung. Wo dies nicht zum Mißverständnis führt, wird der lokale Name im weiteren als "lokaler_Name_an_dieser_Stelle" bezeichnet.

## 4.4 Datenverkehr über die Netzwerkverbindung

Während der Lebensdauer einer Netzwerkverbindung können über diese Netzwerkverbindung Daten übermittelt werden. Ein Datum entspricht einer 'network-service-data-unit'. Es ist in seinem Zeichenvorrat von der Netzwerkmaschine her nicht beschränkt. Der Datenverkehr muß in beiden Richtungen voneinander unabhängig möglich sein (Gegenbetrieb).

TRANSFER:

| | |
|---|---|
| D TRANSFER_REQUEST | (lokaler_Name_beim_Sender, < interface-data-unit >, < end_of_network_service_data_unit_indicator > ); |
| U TRANSFER_RESPONSE | (lokaler_Name_an_dieser_Stelle) |
| & | |
| U TRANSFER_INDICATION | (lokaler_Name_beim_Empfänger, < interface-data-unit >, < end_of_network_service_data_unit_indicator > ); |
| D TRANSFER_CONFIRMATION | (lokaler_Name_beim_Empfänger). |

| | | |
|---|---|---|
| < interface-data-unit > | ::= | transparent zu übermittelnde Nachricht |
| < end_of_network_service_data_unit_indicator > | ::= | TRUE ! FALSE |

Falls 'interface-data-unit' = 'network-service-data-unit', so < end_of_network_service_data_unit_indicator > = TRUE.

An der Schnittstelle 4/3 äußert sich die Flußkontrolle nur in einer Verzögerung der Signale.

Die Netzwerkmaschine kann über Pufferungsmöglichkeiten verfügen, jedoch ist sie verpflichtet, eine eingespeiste 'network-service-data-unit' zum frühestmöglichen Zeitpunkt weiterzubefördern.

Nach dem jeweiligen zweiten Signal (TRANSFER_RESPONSE bzw. TRANSFER_CONFIRMATION) einer Ereignisfolge ist es möglich, ein weiteres Datum einzuspeisen.

## 4.5 Rücksetzen der Netzwerkverbindung

Eine bestehende Netzwerkverbindung kann rückgesetzt werden; dies kann durch einen der Benutzer, synchron durch beide Benutzer, durch die Netzwerkmaschine oder auch synchron durch Benutzer und Netzwerkmaschine erfolgen.

RESET:

| | |
|---|---|
| D RESET_REQUEST | (lokaler_Name_beim_Initiator); |
| U RESET_RESPONSE | (lokaler_Name_beim_Initiator) |
| & | |
| U RESET_INDICATION | ( < Grund >,<br>lokaler_Name_beim_Reagierenden); |
| D RESET_CONFIRMATION | (lokaler_Name_beim_Reagierenden). |
| < Grund > | ::= vom_Partner ! vom_Netz (evtl. qualifiziert) |

Nachdem ein RESET ausgeführt wurde, befindet sich die Netzwerkverbindung im gleichen Zustand wie nach dem Verbindungsaufbau; insbesondere können Daten eingespeist werden, selbst wenn eine TRANSFER-Sequenz nicht vollständig abgewickelt wurde.

Bei Verwendung der Option Explizite Flußkontrolle in der Ebene 4 ist es nicht nötig, daß der Benutzer einen RESET-Befehl an die Netzwerkmaschine geben kann. Bei der Verwendung der Option Multiplexen ist es nicht erlaubt, daß der Benutzer einen RESET-Befehl an die Netzwerkmaschine gibt.

## 4.6 Abbau einer Netzwerkverbindung

Eine bestehende Netzwerkverbindung kann sowohl von ihren Benutzern als auch von der Netzwerkmaschine abgebaut werden. Konkurrenzfälle können auftreten, sie werden aber von der Netzwerkmaschine behandelt.

TERMINATE:

D TERMINATE_REQUEST (lokaler_Name_beim_Initiator);

U TERMINATE_RESPONSE (lokaler_Name_beim_Initiator)

&

U TERMINATE_INDICATION (lokaler_Name_beim_Reagierenden,
< Grund_der_Auflösung > ).

< Grund_der_Auflösung > ::= vom_Partner ! vom_Netz
(evtl. qualifiziert)

## 4.7 Konfliktbehandlung unterschiedlicher Dienstleistungsanforderungen

Mit Ausnahme von INIT können die Dienstleistungen untereinander konkurrierend auftreten. Für diese Fälle wird folgende natürliche Prioritätsreihenfolge vereinbart (in absteigender Reihenfolge notiert):

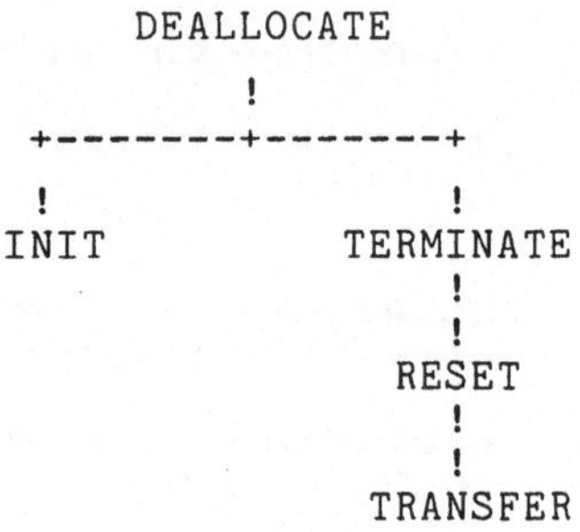


Die Dienstleistung mit der höheren Priorität unterbricht jeweils die konkurrierende.

## 5 Die Umsetzung der Schnittstelle der Netzwerkmaschine auf die Schnittstelle CCITT X.25

Die Abbildung der Dienstleistungen INIT, RESET und TERMINATE auf X.25-Prozeduren ergibt sich in natürlicher Weise folgendermaßen:

| | | |
|---|---|---|
| INIT | ----> | CALL |
| RESET | ----> | RESET |
| TERMINATE | ----> | CLEAR |

Für den Datenverkehr gilt folgendes:

a) Eine 'network-service-data-unit' wird auf eine 'complete-packet-sequence' abgebildet.

b) Das Q-Bit wird nicht verwendet. Es hat in allen Datenpaketen den Wert Null.

Für die Identifizierung des verwendeten Ebene-4-Protokolls ist das 'call-user-data-field' im 'call-request-packet' bzw. im 'incoming-call-packet' vorgesehen. Es gibt folgende Kodierungen:

| | | |
|---|---|---|
| Byte 1: | 1100 0000 | (vom Anwender definierte Ebene-4-Protokolle) |
| Byte 2: | 0000 0000 | |
| Byte 3: | 0000 0000 | |
| Byte 4: | dient zur Anwahl der Ebene-4-Protokolle | |
| Byte 5: | dient zur Anwahl der Ebene-4-Protokolle | |

Bytes 4 und 5 sind bitweise kodiert.

| | | |
|---|---|---|
| Byte 4: | Bit 7 gesetzt: | Das hier spezifizierte verbindungsorientierte EHKP wird gefahren. |
| | Bit 6 gesetzt: | Das transaktionsorientierte EHKP wird gefahren. |
| | Die Bits 6 und 7 können unabhängig voneinander gesetzt werden. | |
| Byte 4: | Bit 5 bis Bit 0 sind für Erweiterungen reserviert. | |
| Byte 5: | alle Bits sind für Erweiterungen reserviert. | |

Die Bytes 6 bis 16 enthalten den transparent übertragenen Text.

## 6 Das Ebene-4-Protokoll

Das Ebene-4-Protokoll besteht aus folgenden Teilprotokollen:

- Verbindungsaufbauprotokoll
- Verbindungsabbauprotokoll
- Datenprotokoll
- Rücksetzprotokoll.

Diese Teilprotokolle sind im folgenden einzeln definiert.

Zwei 'entities', die miteinander kommunizieren wollen, müssen zunächst ein Verbindungsaufbauprotokoll abwickeln. Hierzu gehören ggf. der Aufbau einer Netzwerkverbindung und der Aufbau einer Transportverbindung. Letzterer läßt sich wiederum in eine Reihe von Funktionen gliedern (siehe 6.4.1).
Durch den erfolgreichen Verbindungsaufbau gelangen die beiden kommunizierenden 'entities' in den Zustand "Transportverbindung aufgebaut". Dieser Zustand ist als umfassender Zustand zu verstehen, denn er beschreibt den gesamten Zeitraum, in dem die Transportverbindung besteht.
Insbesondere liegen alle Aktivitäten der zur Datentranferphase gehörigen Automaten innerhalb dieses Zustands.
In jeder 'entity' gibt es in der Datentransferphase

- einen Sendeautomaten zum Senden von Nachrichten an die 'peer-entity'
- einen Empfangsautomaten zum Empfang von Nachrichten der 'peer-entity'
- einen Rücksetzautomaten, der ggf. durch Normieren von Zählern und Löschen von Pufferinhalten die Verbindung in einen definierten Ausgangszustand zurücksetzt.

Sende- und Empfangsautomat arbeiten in jeder 'entity' voneinander unabhängig und asynchron.

Bei Verwendung der optionalen expliziten Flußkontrolle (siehe 6.5.1.2) sind die Aufgaben des Empfangsautomaten nochmals auf drei Automaten aufgeteilt, die ebenfalls asynchron arbeiten.

Bei einigen Automaten wurden aus darstellungstechnischen Gründen mehrere Graphiken verwendet, um das initiative und das reaktive Protokollverhalten getrennt zu beschreiben.

Wenn die kommunizierenden 'entities' den Zustand "Transportverbindung aufgebaut" erreichen, befinden sich alle zur Datentransferphase gehörigen Automaten in ihrem jeweiligen IDLE-Zustand, den sie dann beim Eintreten einer entsprechenden 'enabling condition' verlassen.

Die verschiedenen 'enabling conditions' wirken wie folgt auf die Automaten:

| | | |
|---|---|---|
| D | DATA_REQUEST | aktivieren den Sendeautomaten |
| D | PUSH_REQUEST | |
| U | RESET_INDICATION | |
| U | TRANSFER_INDICATION | aktiviert den Empfangsautomaten |
| D | PURGE_REQUEST | aktivieren den initiativen |
| I | SEQUENCE_ERROR | Rücksetzautomaten |
| 'e reseti' | | aktiviert den reagierenden Rücksetzautomaten |

Der Zustand "Transportverbindung aufgebaut" wird durch Aktivierung des Verbindungsabbauautomaten verlassen. Die entsprechenden 'enabling conditions' sind:

D DISCONNECT_REQUEST , U TERMINATE_INDICATION , I DISCONNET , 'e close' , 'e abort' , 'e openw'.

Außerdem wird der Zustand verlassen, wenn über die Transportverbindung längere Zeit kein Nutzdatenverkehr stattfand. Zur Steuerung dieses Verhaltens ist ein (u.U. vom Benutzer einstellbarer) Idle-Timer vorgesehen. Seine Verwendung und Einstellung ist implementierungsabhängig und nur lokal wirksam, weil durch seinen Ablauf (E TIMER(IDLE)) der Partnerautomat protokollgemäß zum Verbindungsabbau aufgefordert wird.

Die Automaten, die diese Teilprotokolle realisieren, bedienen sich folgender drei Hilfsfunktionen:

- Das Senden von 'transport-protocol-data-units'
- Das Empfangen von 'transport-protocol-data-units'
- Ergreife die Aktion < X > und warte auf < Y1 >, ... < Yn > bzw. auf < U >. Dargestellt durch < X >: < Y1 >, ..., < Yn >; < U >.

Im folgenden sind zunächst diese Hilfsfunktionen durch ihre Automaten definiert. Die in der Beschreibung folgenden Automaten der Teilprotokolle der Transportebene bedienen sich ihrer als Unterautomaten (im Sinne hierarchischer Modularisierung).

Darstellungstechnik und -methodik sind im Kapitel 2.2 beschrieben.

## 6.1 Senden und Empfangen von 'transport-protocol-data-units'

Als Aktion tritt in den weiteren Teilprotokollen u.a. das Absenden von 'transport-protocol-data-units' auf. Die Auflösung des Absendens in Ereignisse an der Schnittstelle 4/3 wird in dem folgenden kleinen Automaten definiert (Abb. A zu 6.1).

Häufige 'enabling conditions' für Transitionen sind der Empfang bestimmter 'transport-protocol-data-units'. Ihre Auflösung in Schnittstellenereignisse ist in einem zweiten Automaten definiert (Abb. B zu 6.1). Sein Initialzustand "Ein Wartezustand" bezeichnet die Protokollumgebung, in der der Empfangsautomat verwendet wird. Sie ist dort erklärt.

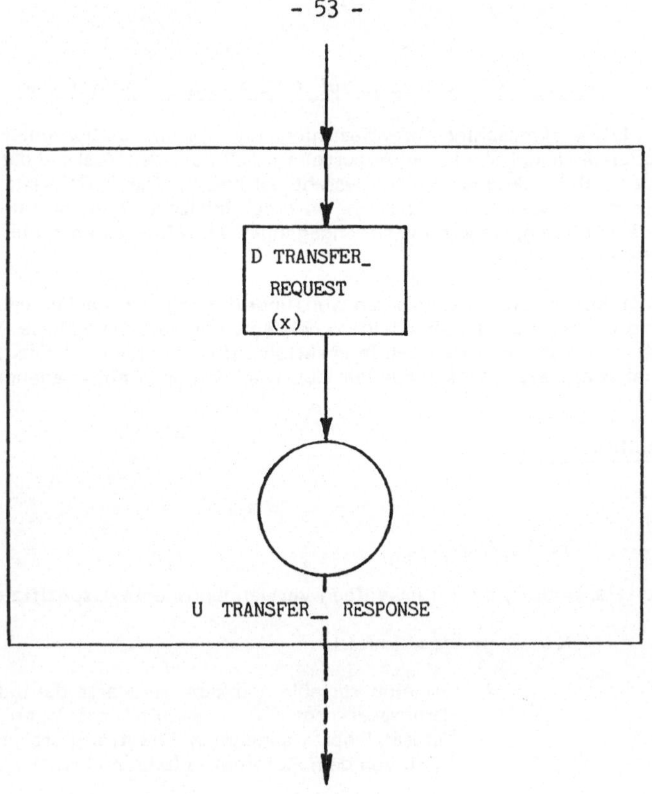


Abb. A zu 6.1: der Automat 'c x' (sende eine 'transport-protocol-data-unit' x ab)

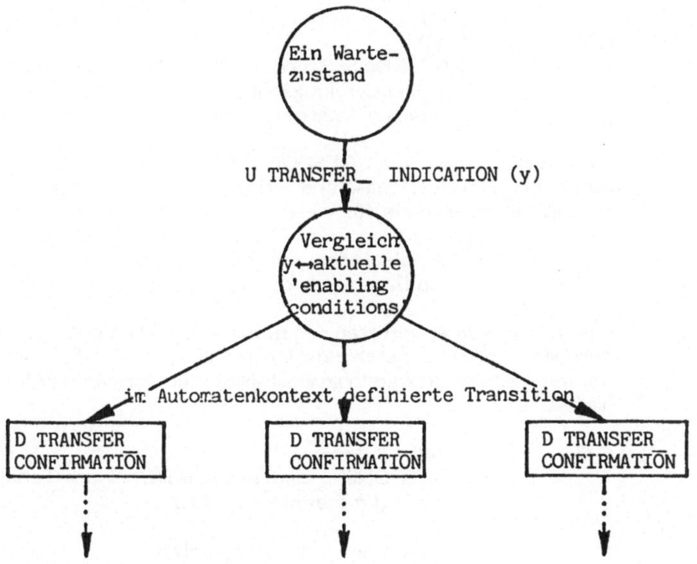


Abb. B zu 6.1: Der Automat 'e y' (empfange eine 'transport-protocol-data-unit' y)

## 6.2 Der Automat: Sende < X > und warte auf < Y1 > , ..., < Yn > ; < U >.

Die verwendete Netzwerkmaschine garantiert nicht die Zustellung abgeschickter 'transport-protocol-data-units'. Um sicherzustellen, daß über den Zustand der Transportverbindung auf beiden Seiten gleiches Wissen besteht, ist häufig eine Quittierung von Steuerinformationen notwendig. Die Quittung wird den Initiator einer Interaktion aber nicht immer erreichen, sie kann verlorengegangen sein. Ebenso kann die Anfrage verlorengegangen sein.

Der Initiator einer Interaktion muß also den Quittungseingang überwachen und eine Fehlerbehandlung für den Fall des Ausbleibens der Quittung vorsehen. Diese Aktionen geschehen unabhängig von der jeweiligen Interaktion auf stets gleiche Weise. Der folgende Automat realisiert die Aktionen zur Überwachung und Fehlerbehandlung.

### Legende zur Abbildung zu 6.2

Der Automat

< X > : < Y1 > , ..., < Yn > ; < U >.

hat die folgenden Parameter, die im jeweiligen Verwendungskontext spezifiziert sind:

< X > ::= 'c x' ! NULL

Semantik: x ist eine Variable und kann als Werte die initiativen 'transport-protocol-data-units', z.B. 'open', 'reseti', 'close', 'abort', annehmen. Die 'transport-protocol-data-unit' wird von dem Automaten (u.U. mehrmals) abgeschickt.

Der Automat wird auch für das bloße Warten auf bestimmte Ereignisse verwendet. Dann ist < X > leer (NULL).

< Yi > ::= 'e yi' !
< RESPONSES_und_INDICATIONS_der_Schnittstelle_der_Netzwerkmaschine > !
I < Name_interner_enabling_condition >

Die Substitutionen für < RESPONSES_und_INDICATIONS_der_Schnittstelle_der_Netzwerkmaschine > sind im Verwendungskontext angegeben, ebenso die für < Name_interner_enabling_condition > .

i Variablenindex; durchläuft die Werte 1 bis n, wobei n ein Parameter des Automaten ist.

Semantik: Die yi sind alle erwarteten regulären Antworten auf < X > (von der 'peer-entity' abgeschickte 'protocol-data-units'). In Frage kommen alle reaktiven 'transport-protocol-data-units': 'accepted', 'resetc' und 'end'.

< U > ::= ('e u1', ..., 'e um',
< RESPONSES_und_INDICATIONS_der_Schnittstelle_der_Netzwerkmaschine > ) ! NULL

m ein Parameter des Automaten

ui 'transport-protocol-data-units' der 'peer-entity'

Semantik: Die ui sind mögliche irreguläre Reaktionen der 'peer-entity'. Mit ihnen muß gerechnet werden, da sie von der Gegenseite abgeschickt worden sein können, bevor x empfangen wurde. Irreguläre RESPONSES und INDICATIONS können auftreten, wenn eine Dienstleistung von der Transportschicht selbst angestoßen worden ist.

Der Automat < X > : < Y1 > , ..., < Yn > ; < U >. besitzt zwei Eingänge und n+m+1 Ausgänge. Zur Vereinfachung der graphischen Darstellung sind die Ausgänge, die dadurch charakterisiert sind, daß sich der Automat die Zähler- und Timerstände merkt, zu einem Ausgang zusammengefaßt, dessen 'enabling condition' mit "< U >" notiert ist.

Die Aufteilung der erwarteten 'transport-protocol-data-units' in zwei Teilmengen hat folgenden darstellungstechnischen Hintergrund: die 'transport-protocol-data-units' y1, ..., yn sind in den entsprechenden Protokollen als reguläre Antworten auf x vorgesehen und führen zum Verlassen des Automaten. Die 'transport-protocol-data-units' u1, ..., um dagegen sind konkurrierende Anforderungen von Dienstleistungen durch die 'peer-entity', die in den betreffenden Protokollen nicht Priorität genießen. Sie führen in den entsprechenden Protokollkontexten zu kurzzeitigem Verlassen des Warteautomaten, u.U. zu lokalen Aktionen und zur Rückkehr in den Automaten unter Wiederherstellung der Timer- und Variablenzustände, die beim Verlassen des Automaten vorlagen.

Im jeweiligen Verwendungskontext werden die Automatenparameter < X > , < Y1 > , ..., < Yn > , < U > mit den Namen konkreter 'transport-protocol-data-units' belegt. Dazu wird die Notation

'c x' : 'e y1', ...'e yn'; 'e u1', ..., 'e um'.

verwendet. Die Zeichen ":" bzw. ";" trennen dabei die Aktion von den 'enabling conditions' bzw. die regulären Antworten von den nicht-prioren Dienstleistungsanforderungen der 'peer-entity'.

Dabei kann die Menge der nicht-prioren Dienstleistungsanforderungen leer sein.

Anstelle der Variablennamen "x", "y1", ..., "yn", "u1", ..., "um" stehen die Namen konkreter 'transport-protocol-data-units', die u.U. parameterisiert sein können.

"z" bezeichnet eine beliebige 'transport-protocol-data-unit'.

"R" und "t" bezeichnen weitere Parameter des Automaten, die im Verwendungskontext spezifiziert werden, wo dies notwendig erscheint.

"Ausgang 0" bezeichnet den Abbruch-Ausgang.

* Bemerkung zu D RESET_REQUEST bzw. U RESET_INDICATION

Wird der Rückstaumechanismus als alleiniges Flußkontrollverfahren an der Schnittstelle Ebene 3/4 verwendet, so ist es bei einer PURGE-Anforderung des Benutzers und beim Verbindungsabbruch nötig, die Netzwerkverbindung von Daten zu bereinigen, um die 'peer-entity' im Rahmen des Protokolls zuverlässig zu informieren. Dieses Bereinigen der Netzwerkverbindung geschieht mit der Ebene-3-Dienstleistung RESET. Im Fall der optionalen expliziten Flußkontrolle ist eine Stausituation innerhalb der Netzwerkverbindung i.a. nicht möglich. Die Ebene-3-Dienstleistung RESET soll dann nicht bedient werden, um nicht u.U. andere Transportverbindungen zu beeinträchtigen, die über die gleiche Netzwerkverbindung in Multiplexverfahren abgewickelt werden.

** Die Reaktion D RESET_CONFIRMATION erfolgt genau dann, wenn die entsprechende 'enabling condition' Ū RESET_INDICATION war.

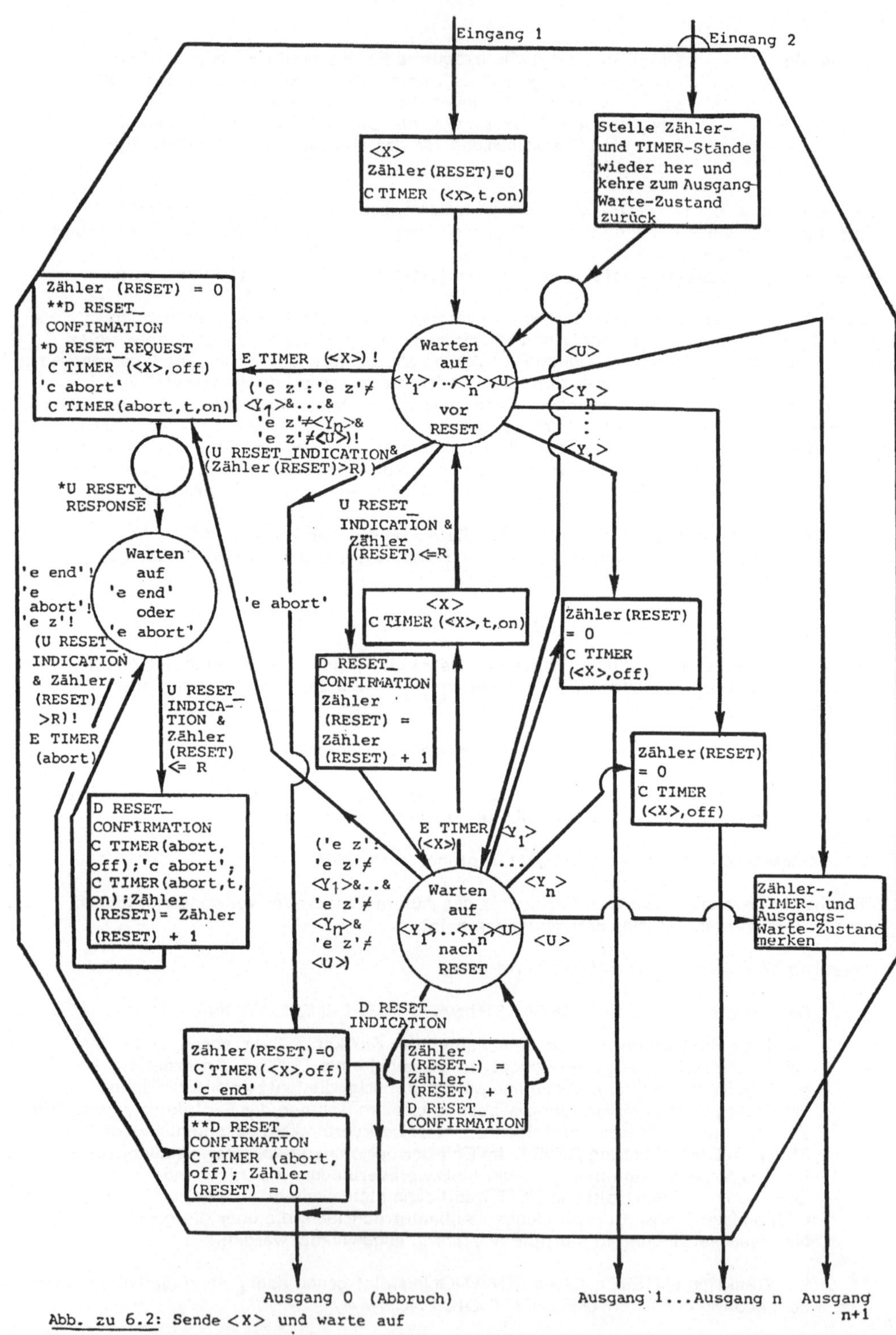


Abb. zu 6.2: Sende <X> und warte auf $<Y_1>, \ldots, <Y_n>, <U>$

## 6.3 Netzwerkverbindungen

Voraussetzung zum Aufbau einer Transportverbindung zwischen zwei Benutzern ist das Vorhandensein einer Netzwerkverbindung.

Eine Netzwerkverbindung kann entweder eine Standverbindung, z.B. 'permanent-virtual-circuit' sein oder aber eine Wählverbindung, z.B. 'switched-virtual-circuit'. Im letzten Fall muß das Transportmedium auf einen Verbindungwunsch hin selbst eine Netzwerkverbindung aufbauen oder bei Verwendung der optionalen Multiplexfunktion u.U. eine bereits aufgebaute mitbenutzen. Angewählte Netzwerkverbindungen müssen wieder freigegeben werden, wenn die letzte über sie laufende Transportverbindung abgebaut ist.

Diese Auf- und Abbaufunktion ist zusammen mit dem Auf- und Abbau der Transportverbindungen dargestellt. Streng genommen, ist sie kein Bestandteil des Ebene-4-Protokolls, denn es werden zu Ihrer Steuerung keine 'transport-protocol-data-units' ausgetauscht. Diese Funktion muß aber in den Ebene-4-'entities' implementiert sein.

## 6.4 Das Verbindungsprotokoll

Dieses Teilprotokoll stellt eine Prozeßverbindung zwischen zwei Benutzern des Transportdienstes zur Verfügung bzw. gibt diese auf.

Verbindungsauf- und Verbindungsabbau werden getrennt betrachtet.

### 6.4.1 Der Verbindungsaufbau

Die 'Initiator-entity' meldet eine Transportverbindung mit der 'transport-protocol-data-unit' 'open' bei der 'Partner-entity' an. 'open' führt ein Textfeld. Neben Informationen zur Adressierung sowie über die lokale Verbindungsreferenz enthält 'open' verschiedene Parameter, mit denen einerseits das Leistungsprofil der neuen Transportverbindung, andererseits die Anwendung von optionalen Erweiterungen zum Ebene 4-Basisdienst zwischen den beteiligten 'Ebene 4-entities' vereinbart werden. Adressierung und Parameter werden durch Schlüsselworte eingeleitet. Hinsichtlich der Formate und Kodierungen siehe Kap. 7.

Im Basisdienst werden folgende Parameter (jeweils vorangestellt das Schlüsselwort) verwendet:

M Maximale_Recordlänge (maximale Länge einer 'transport-protocol-data-unit' in Oktetts)

V Version_bzgl._Wiederherstellung; im Basisdienst nur "Reset-Prozedur" (Wertangabe "C", vgl. Kap. 6.6)

W Flußkontrollverfahren; im Basisdienst nur "Rückstaumechanismus" (Wertangabe "00", vgl. Kap. 6.5.1.1)

C Nachricht_an_den_Partner (optional)

Im Basisdienst sind die lokale Verbindungsreferenz, die Adressen sowie die Parameter M,V,W stets im 'open' zu spezifizieren. Der mit Schlüsselwort "C" gekennzeichnete Parameter fehlt, wenn vom Benutzer keine Nachricht übergeben wurde.

Die Parameter und ihre Wertangaben für optionale Erweiterungen sind bei der jeweiligen Darstellung der optionalen Erweiterung bzw. in den Automaten für den Verbindungsaufbau angegeben. In Kap. 7 folgt darüberhinaus eine Zusammenstellung aller Formate und Parameter.

'open' wird mit dem Record 'accepted' vom Partner bestätigt. Die Transportverbindung ist damit aufgebaut. 'open' kann jedoch vom Partner mit dem Record 'end' abgelehnt werden, wenn das gewünschte Leistungsprofil der Transportverbindung oder die gewünschten optionalen Erweiterungen nicht akzeptiert werden können. 'end' enthält ein Diagnostikfeld, das den Ablehnungsgrund spezifiziert sowie ggf. ein Textfeld mit den maximal beim Partner möglichen Parameterwerten. Mit diesen Angaben kann der Initiator ggf. ein neues 'open' spezifizieren.

Die Beantwortung des 'open' wird mit einem Antwortüberwachungstimer überwacht.

'open' in einer bereits etablierten Transportverbindung (d.h. gleiche Adressen und gleiche lokale Verbindungsreferenz) führt zum Abbruch dieser Transportverbindung mit dem Record 'abort'. 'abort' enthält ein Diagnostikfeld, das den Abbruchgrund spezifiziert.

Wird 'open' mit 'end' und Diagnostikfeld "Partnerprozeß belegt" abgelehnt, so kann eine Aufbaukollision vorliegen. Es ist dann gemäß Abb. D zu 6.4.1 zu verfahren.

Verwendung der optionalen Parameter A, U, P (Zugriffsberechtigungsparameter (ZBP))

A Accountingnummer_des_Transportmediums_beim_Partner

U Benutzerkennung_beim_Partner

P Password_beim_Partner

Im Basisdienst werden die Parameter A, U, P nicht verwendet. Ihre Verwendung bedarf einer besonderen organisatorischen Vereinbarung. Das Protokoll prüft für diesen speziellen Anwenderkreis die Übereinstimmung der Parameter (s. Abbildung H zu 6.4.1). Alle anderen Anwender reagieren auf einen Aufbauwunsch mit derartigen Parametern mit Abbruch.

Das sehr komplexe Verbindungsaufbauprotokoll läßt sich in folgende logisch abgegrenzte Funktionsgruppen zerlegen:

- Aufbau der Netzwerkverbindung
- Verbindungsaufbauautomat beim Initiator ohne Collision- und Contentionbehandlung
- Verbindungsaufbauautomat beim Reagierenden ohne Collision- und Contentionbehandlung
- Collisionbehandlung beim Aufbau der Transportverbindung
- Contentionbehandlung auf verschiedenen Kanälen
- Vereinbaren der verbindungstechnischen Parameter (vtP)

Diese Teilautomaten werden im folgenden in getrennten Graphiken definiert. Abschließend ist der Gesamtautomat dargestellt. Im Basisdienst ist nur der Parameter "Maximale_Recordlänge" zwischen Initiator und Partner zu vereinbaren. Die Parameter der Optionen werden bei den Optionen beschrieben.

Bei der Verwendung einer festen Netzwerkverbindung entfällt der Aufbau der Netzwerkverbindung. Initialer Zustand ist dann der Zustand "Netzwerkverbindung aber keine Transportverbindung".

Bei der Verwendung gewählter Netzwerkverbindungen ist der Zustand "keine Netzwerkverbindung" Initialzustand.

Der Automat, der den Aufbau der Netzwerkverbindung realisiert, enthält auch deren Abbau.

Für bestimmte Anwendungen kann es u.U. genügen, nur einige der Teilautomaten zu implementieren.

Anmerkung:

Geht die 'accepted'-Quittung auf ein 'open' verloren, so wiederholt der Initiator sein 'open'-Kommando mit gleichem Parameter. Der Partner reagiert dann mit 'abort' und die Verbindung kommt nicht zustande. Die Verbindung kommt erst beim dritten 'open' zustande.

Dieser Effekt wäre dadurch zu vermeiden, daß wiederholte 'transport-protocol-data-units' als Wiederholungen gekennzeichnet werden. Deren Behandlung läßt sich in den Automaten < X > : < Y1 > , ..., < Yn > ; < U > . einbauen.

Da die Kodierungen durch bestehende Implementierungen festgeschrieben sind, ist dies nicht möglich.

Legende zum Automaten "Auf- und Abbau der Netzwerkverbindung"

G LINK
: Beim Aufbau einer gewählten Netzwerkverbindung, bei dem der Zustand "keine Netzwerkverbindung" Initialzustand ist, wird durch das Generieren der 'enabling condition' LINK der Automat zum Aufbau der Transportverbindung aktiviert (siehe dort I LINK).

keine_aktive_Transportverbindung
: Benutzen bei Verwendung der optionalen Multiplex-Funktion mehrere Transportverbindungen dieselbe Netzwerkverbindung, so darf die Netzwerkverbindung erst dann abgebaut werden, wenn keine Transportverbindung mehr aktiv ist.

alle Zufallstimer = off
: Der Abbau der Netzwerkverbindung darf erst nach Beendigung u.U. begonnener Collision-Behandlungen erfolgen.

Legende zum Automaten "Aufbau der Transportverbindung"

Folgende Symbole finden in den Automaten Verwendung:

| | |
|---|---|
| a | Netzadresse des Anrufers |
| p | Netzadresse des Angerufenen |
| p > a | Der Kode von p (als Dualzahl interpretiert) ist numerisch größer als der Kode von a. |
| + | Verbindung_auf_anderer_Netzwerkverbindung (Parameter der CONNECT_RESPONSE) |
| ?_CONTENTION | ist eine Variable, die genau dann den Wert TRUE hat, wenn bei benachbarten 'entities' (d.h. 'transport-entities' im selben System) Verbindungswünsche in Bearbeitung sind, die das gleiche Prozeßpaar betreffen. Die Verbindungsaufbauautomaten dieser 'enitities' befinden sich dann in Zuständen, in denen eine Reaktion auf 'open' erwartet wird. |
| G CANCEL | In Abhängigkeit von der Netzadresse wird einer dieser Automaten von dieser Situation in Kenntnis gesetzt. Dies geschieht durch Generieren der 'enabling condition' CANCEL, was den betreffenden Automaten veranlaßt, den Verbindungsaufbau abzubrechen. |
| vtP | ::= (Maximale_Recordlänge, Version_bzgl._Wiederherstellung, Flußkontrollverfahren, Blocken)<br><br>Der lokale Satz der vtP ist kleiner, wenn mindestens eine vtP kleiner ist als der korrespondierende des Partners. |

Bemerkung zu U CONNECT_REPONSE (in Abb. D und G zu 6.4.1):
Falls bei der Collision-Behandlung ein Partner ein 'e open' empfängt, während er auf das Ablaufen des Zufallstimers wartet, so ist noch ein D CONNECT_REQUEST zu beantworten, und in diesem Fall muß hier U CONNECT_RESPONSE (Transportmedium belegt) gegeben werden.

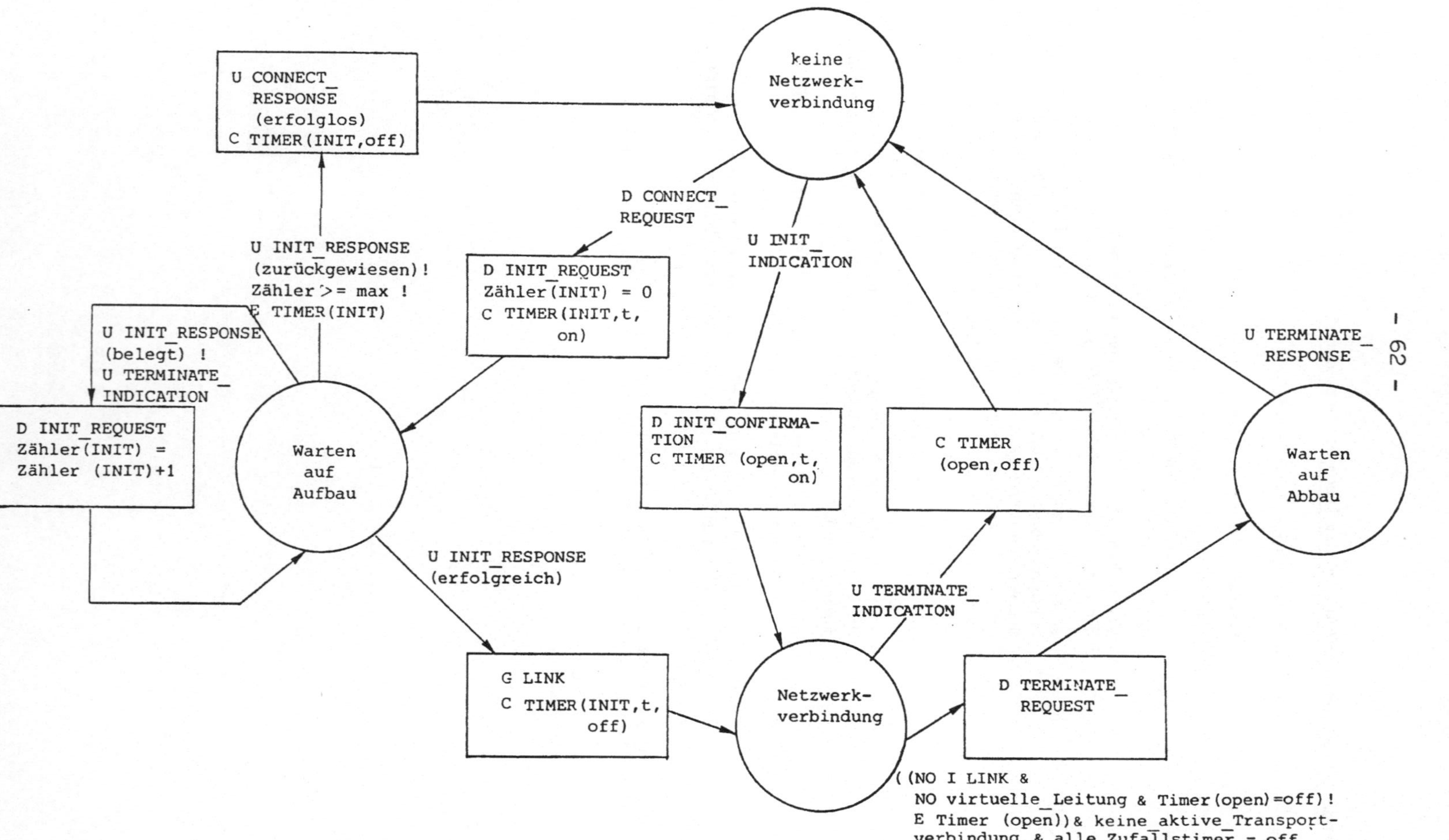


Abb. A zu 6.4.1: Der Auf- und Abbau der Netzwerkverbindung

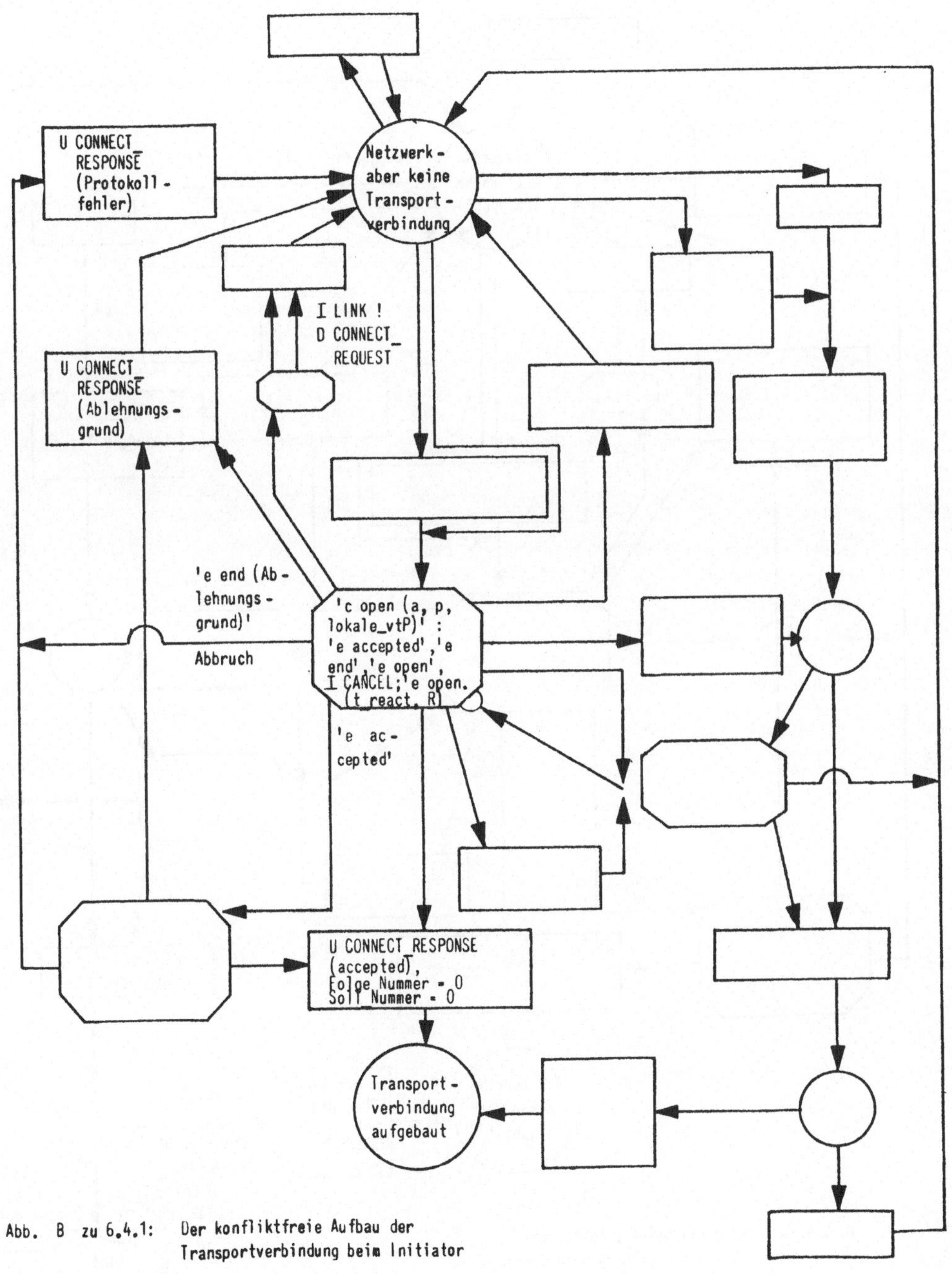


Abb. B zu 6.4.1: Der konfliktfreie Aufbau der Transportverbindung beim Initiator

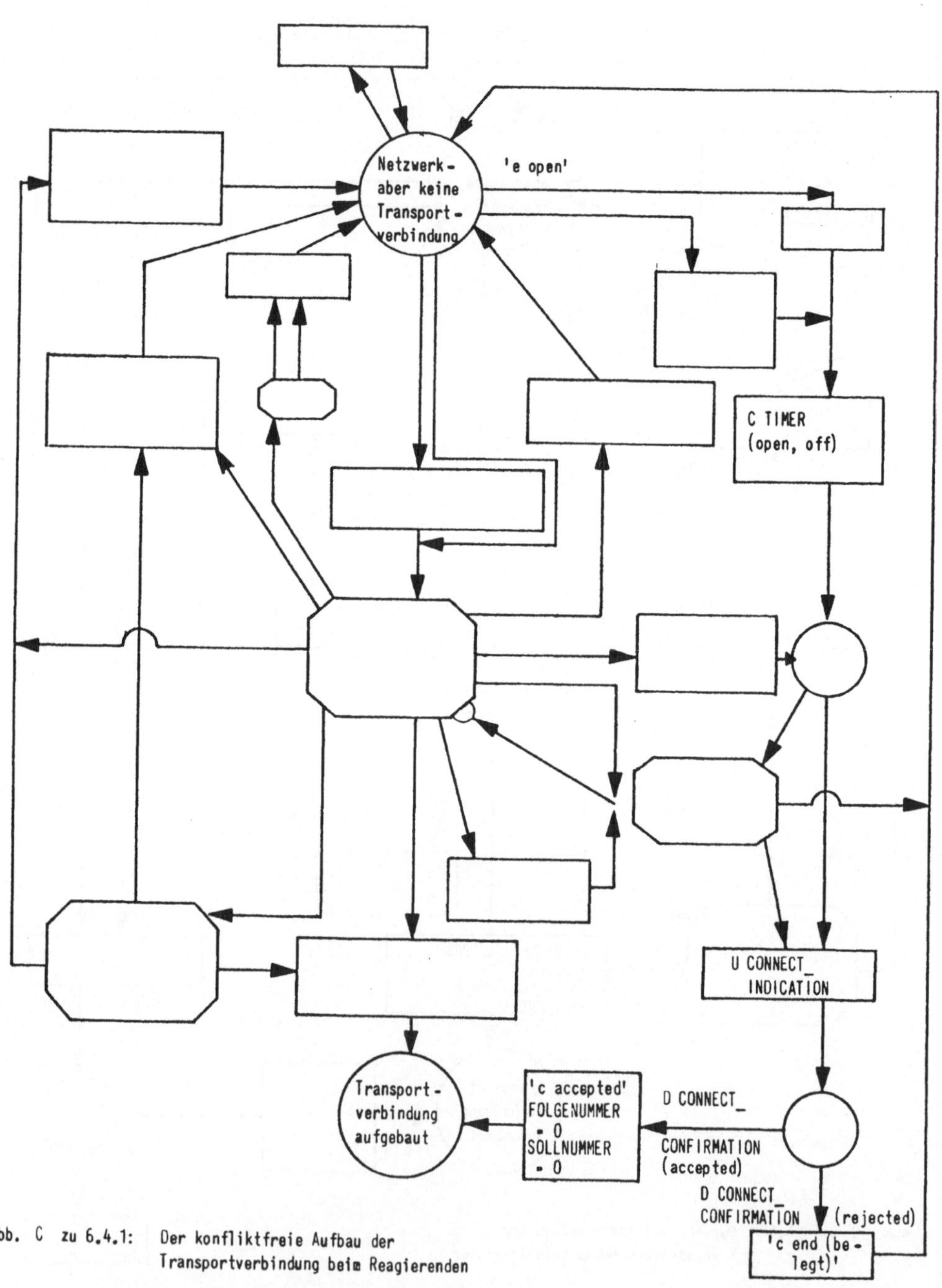


Abb. C zu 6.4.1: Der konfliktfreie Aufbau der Transportverbindung beim Reagierenden

Legende zur Collisionbehandlung beim Aufbau der Transportverbindung

Um ständiges gegenseitiges Blockieren zweier Automaten durch wiederholte Call-Collisionen zu verhindern, wird ein Timer mit zufallsgesteuerter Laufzeit verwendet.

Seine Laufzeit wird von einem Zufallszahlengenerator ermittelt, der die Eigenschaft erfüllen muß, daß je zwei Generatoren stochastisch unabhängige Zufallszahlen generieren.

Implementierungshinweis:

Die niederwertigen Bits eines internen Zeitgebers (als Zufallszahlen interpretiert) dürften die oben geforderten Eigenschaften in hinreichender Näherung erfüllen.

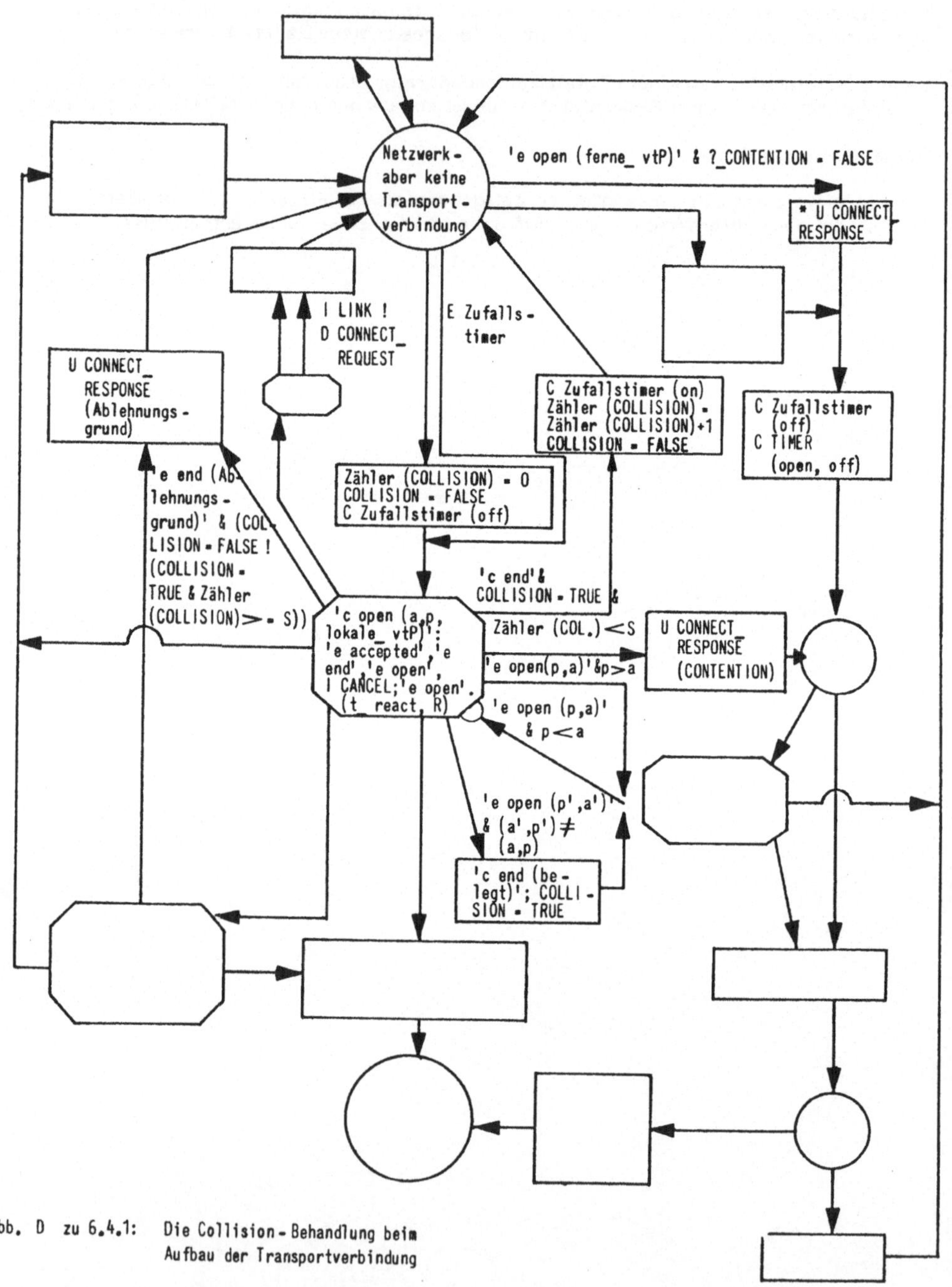


Abb. D zu 6.4.1: Die Collision-Behandlung beim Aufbau der Transportverbindung

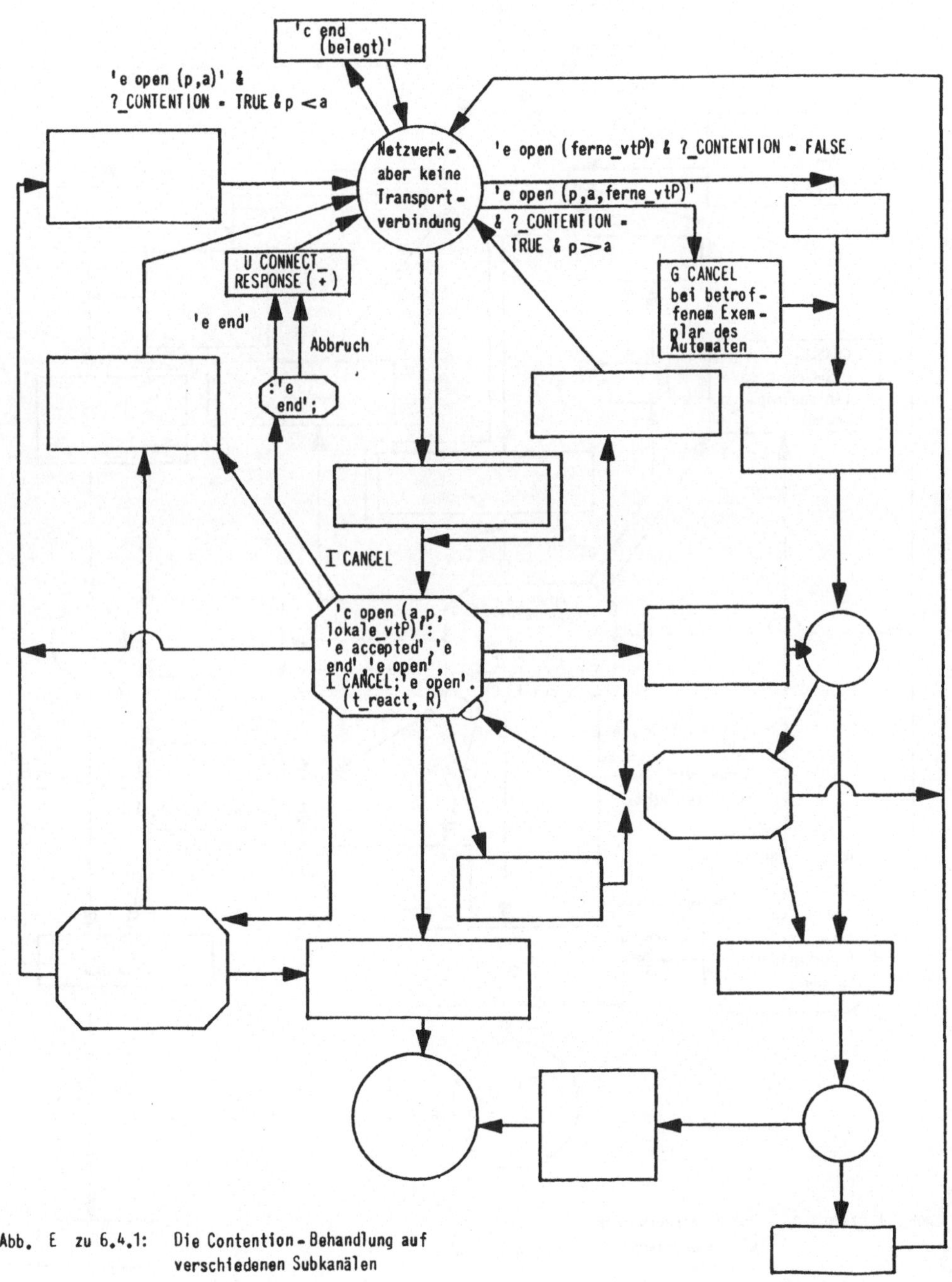


Abb. E zu 6.4.1: Die Contention - Behandlung auf verschiedenen Subkanälen

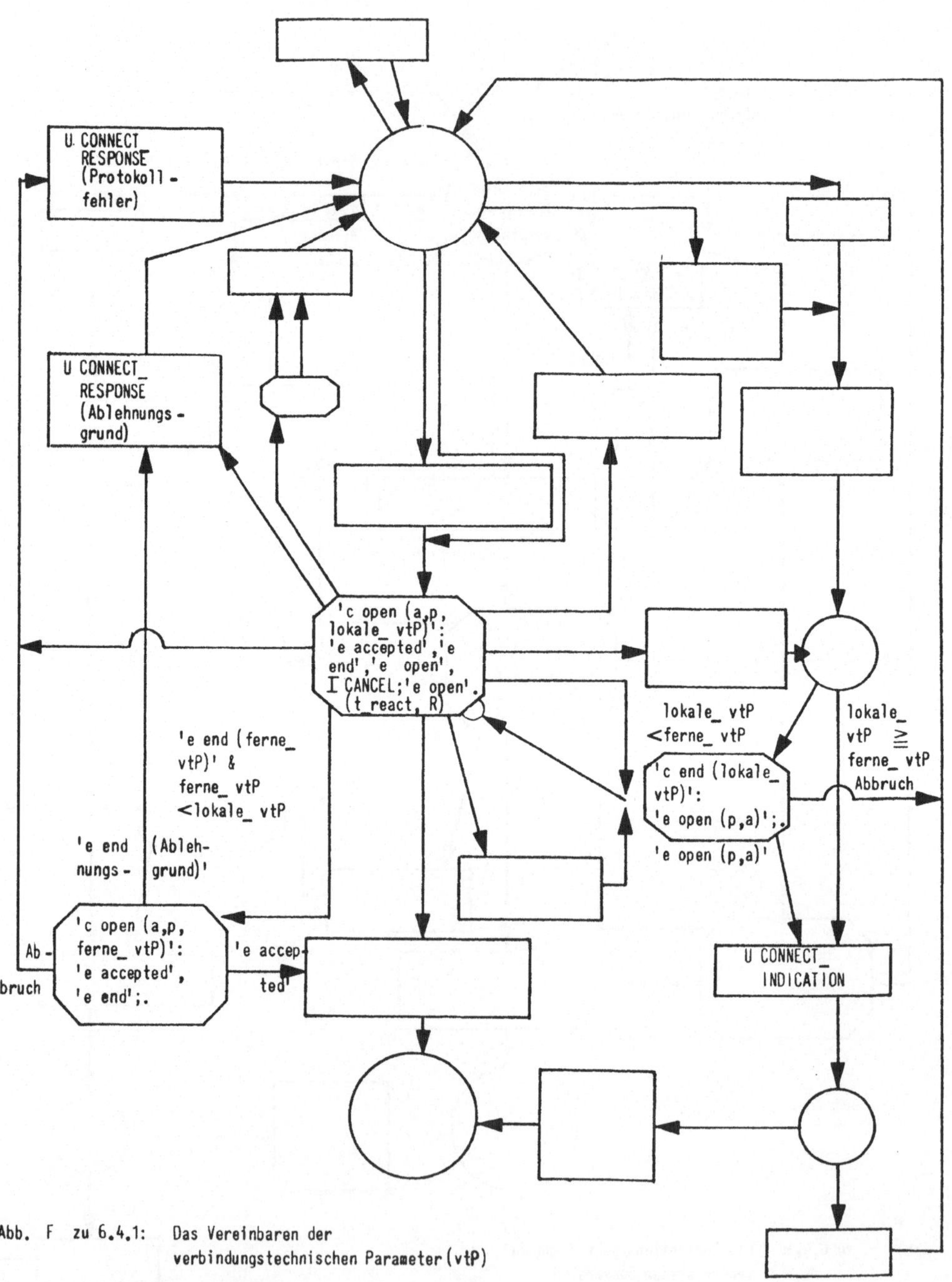


Abb. F zu 6.4.1: Das Vereinbaren der verbindungstechnischen Parameter (vtP)

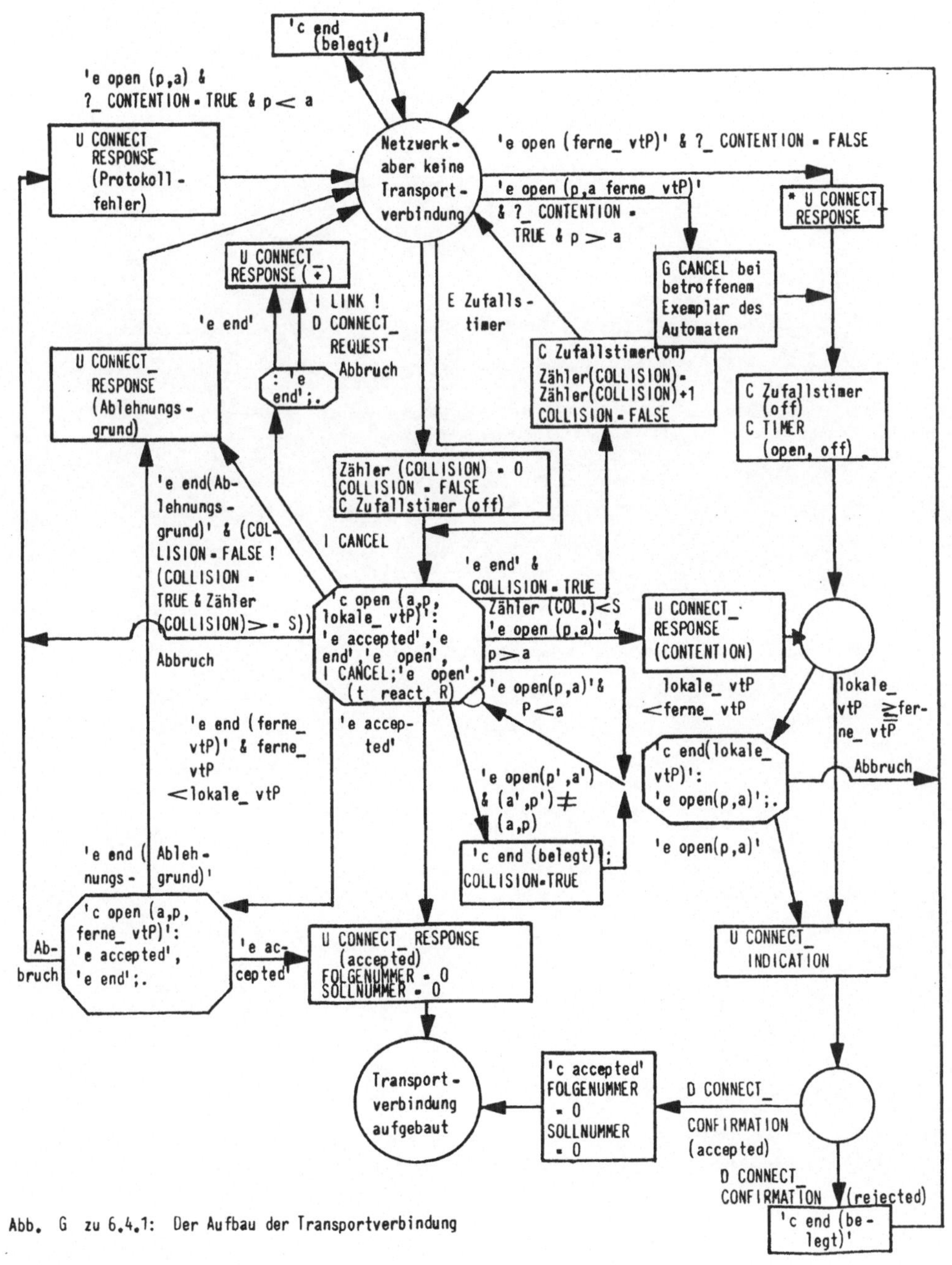


Abb. G zu 6.4.1: Der Aufbau der Transportverbindung

Beim Verbindungsaufbau können mit 'open' zusätzlich folgende optionale Zugriffsberechtigungsparameter (ZBP) verglichen werden (s. Abb. H zu 6.4.1):

- Accountingnummer_des_Transportmediums_beim_Partner (A)
- Benutzerkennung_beim_Partner (U)
- Password_beim_Partner (P).

Legende zu Abb. H zu 6.4.1

Innerhalb organisatorisch festgelegter Anwendungsgruppen kann eine Zugriffsberechtigungsprüfung stattfinden, die sich folgender Parameter und Mechanismen bedient:

- Die Accountingnummer_des_Transportmediums_beim_Partner wird auf "gleich" überprüft. Bei "ungleich" sendet der Angerufene 'end' mit Ablehnungsgrund: "Accountingnummer unzulässig bzw. Accountingnummer fehlt".

- Die Benutzerkennung_beim_Partner wird auf "gleich" überprüft. Bei "ungleich" sendet der Angerufene 'end' mit Ablehnungsgrund: "Benutzerkennung unzulässig oder fehlt".

- Password_beim_Partner wird auf "gleich" überprüft. Bei "ungleich" sendet der Angerufene 'end' mit Ablehnungsgrund: "falsches oder fehlendes Password".

ZBP :: = (Accountingnummer_des_Transportmediums_beim_Partner,
Benutzerkennung_beim_Partner,
Password_beim_Partner)

= Die Sätze der Zugriffsberechtigungsparameter der beiden 'peer-entities' stimmen überein.

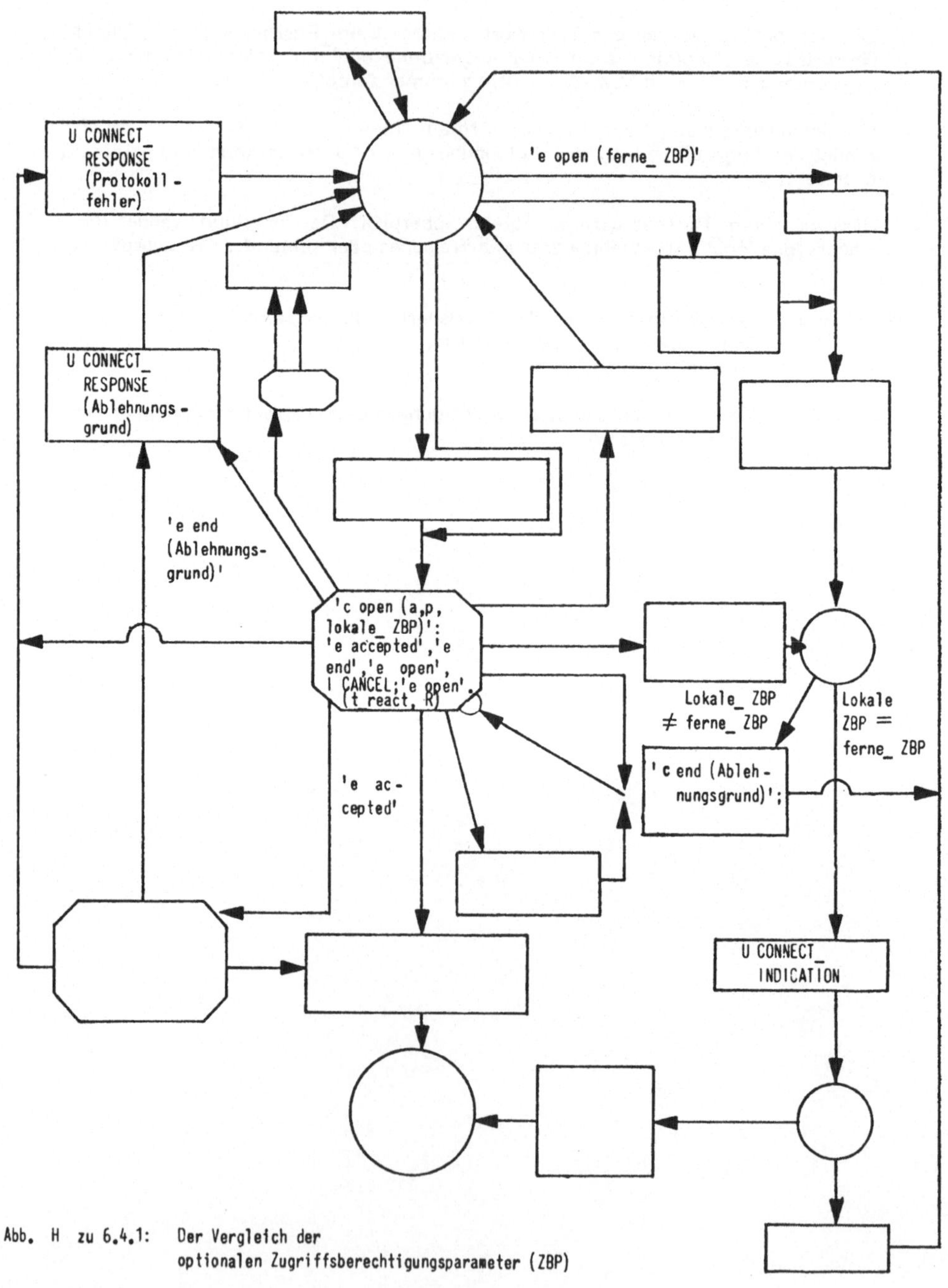


Abb. H zu 6.4.1: Der Vergleich der optionalen Zugriffsberechtigungsparameter (ZBP)

## 6.4.2 Der Verbindungsabbau

Der Verbindungsabbau gliedert sich in zwei Phasen:

- den Abbau der Transportverbindung

  und

- den Abbau der Netzwerkverbindung.

Der Automat, der den Abbau der Transportverbindung realisiert, ist in der nächsten Abbildung dargestellt.

Die Netzwerkverbindung ist nur bei gewählten Verbindungen und nicht bei Verwendung fester Verbindungen abzubauen. Die dazu notwendigen Bedingungen und Interaktionen sind zusammen mit dem Aufbau der Netzwerkverbindung bereits dargestellt.

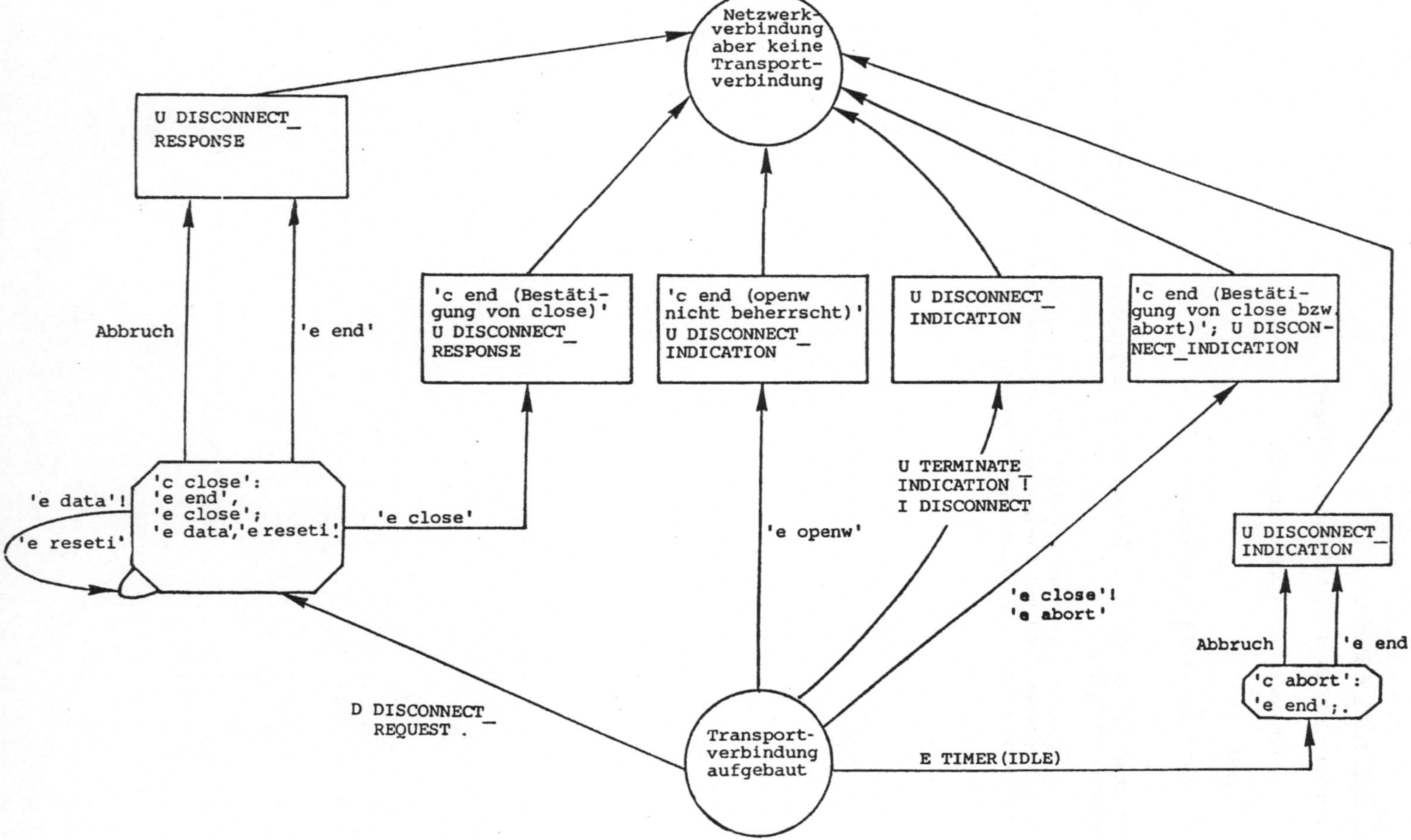

Netzwerkverbindung aber keine Transportverbindung

U DISCONNECT_
RESPONSE

Abbruch

'e end'

'c end (Bestätigung von close)'
U DISCONNECT_
RESPONSE

'c end (openw nicht beherrscht)'
U DISCONNECT_
INDICATION

U DISCONNECT_
INDICATION

'c end (Bestätigung von close bzw. abort)'; U DISCONNECT_INDICATION

'c close':
'e end',
'e close';
'e data','e reseti'.

'e data'!
'e reseti'

'e close'

'e openw'

U TERMINATE_
INDICATION !
I DISCONNECT

'e close'!
'e abort'

U DISCONNECT_
INDICATION

Abbruch

'e end'

'c abort':
'e end';.

D DISCONNECT_
REQUEST .

Transportverbindung aufgebaut

E TIMER(IDLE)

Abb. zu 6.4.2: Der Verbindungsabbau

## 6.5 Das Datenprotokoll

Dieses Teilprotokoll regelt die Datenübertragung zwischen den gekoppelten Prozessen; eine wesentliche Aufgabe dabei ist die Abbildung von 'transport-service-data-units' auf I-Records (nutzdatentragende 'transport-protocol-data-units') und umgekehrt. Für jede Übertragungsrichtung werden Zähler für die I-Records geführt; diese Zähler werden mit den I-Records übertragen und dienen der Fehlererkennung. Die Zählung erfolgt modulo 256.

Beide Partner führen Zähler. Der Empfänger kann so den Verlust von I-Records erkennen. Ein erkannter Fehler wird im Basisdienst der Ebene 4 den Benutzern durch eine entsprechend qualifizierte PURGE_INDICATION mitgeteilt.

Zur Kompatibilität mit bestehenden Implementierungen ist im Basisumfang, also ohne Verwendung der expliziten Flußkontrolle, folgendes Verhalten notwendig:

In beliebigen Zuständen der Datentransferphase können die 'transport-protocol-data-units'

'rr' und 'rnr'

empfangen werden. Sie sind im Basisdienst zu ignorieren. Sie dürfen nicht als Protokollfehler behandelt werden.

Wird ein I-Record empfangen, in dessen Header das Quittungsanforderungsbit (siehe Header-Format, Kapitel 7) gesetzt ist, so ist mit

'rr (nächster_erwarteter_Record)'

zu antworten.

Das sprengt zwar den Basis-Funktionsumfang des Transportmediums, ist aber aus Gründen der Kompatibilität zu den optionalen Protokollfunktionen notwendig.

Die Flußkontrolle ist von den Verfahren der Fehlererkennung und -korrektur abgetrennt.

### 6.5.1 Flußkontrollverfahren

#### 6.5.1.1 Implizite Flußkontrolle durch Rückstaumechanismus

Folgendes Ende-zu-Ende wirksame Flußkontrollverfahren findet im Basisprotokoll Verwendung:
Die Protokoll-Bedienung verfügt über je einen Puffer in Größe eines I-Records pro Übertragungsrichtung. Der empfangende Automat verzögert die Quittierung eines I-Records, bis er seinen Puffer für die Aufnahme eines neuen I-Records geleert hat.

Vor der Quittierung neu eintreffende I-Records werden so bis zur Quittierung in die Netzwerkmaschine zurückgestaut, bis deren Pufferkapazität erschöpft ist.

Wenn der empfangende Automat die Daten nicht vorher an seinen Benutzer weiterreichen kann, erreicht der Datenstau schließlich den sendenden Benutzer, der bis zur Auflösung der Stausituation, durch U TRANSFER_RESPONSE angezeigt, keine weiteren Daten an der Schnittstelle übergibt.

Dieses Verfahren gleicht sehr elastisch kurzfristige Schwankungen der Verarbeitungsgeschwindigkeiten von Sender und Empfänger aus; es benutzt dazu die vorhandene Netzkapazität und entlastet die Speicher von Sender und Empfänger.

Dieser Mechanismus als alleiniges Flußkontrollverfahren sollte nicht in Verbindung mit der optionalen Multiplexfunktion verwendet werden. Verwendet eine Transportverbindung nur den Rückstaumechanismus zur Flußkontrolle, so sollte für die Verbindungsdauer keine weitere Transportverbindung über dieselbe Netzwerkverbindung geschaltet werden.

### 6.5.1.2 Die explizite Flußkontrolle (optional)

Die Verwendung der expliziten Flußkontrolle ist optional und wird von den Kommunikationspartnern beim Verbindungsaufbau vereinbart. Wird sie verwendet, so wird die Flußkontrolle unabhängig von den Partnern in beiden Richtungen durchgeführt. Dabei werden folgende Steuerinformationen benutzt:

- Quittungsanforderung durch den jeweiligen Sender:
  Die Quittungsanforderung wird i.a. den Nutzdaten beigepackt. Darüber hinaus wird eine eigene 'transport-protocol-data-unit' 'status' zur Quittungsanforderung verwendet.

- Quittungen des jeweiligen Empfängers:
  Zur Beantwortung der Quittungsanforderungen dienen die 'transport-protocol-data-units' 'receive-ready' ('rr') und 'receive-not-ready' ('rnr').

Die explizite Flußkontrolle verwendet die sogenannte "Fenstertechnik". Fenstertechnik bedeutet im wesentlichen, daß sich die Kommunikationspartner darüber einig sind, wie viele Records pro Übertragungsrichtung unquittiert geschickt werden dürfen. Wenn man sich die Nummern der auszusendenden Records von Null beginnend bis zu dieser Maximalzahl kreisförmig angeordnet vorstellt, so bilden die Nummern der nicht quittierten Records gleichsam ein dynamisches, wanderndes Fenster zwischen den schon gesendeten und quittierten und den noch nicht ausgesandten Records.

Der Empfänger verpflichtet sich dabei, während der gesamten Verbindungsdauer einen Empfangspuffer bereitzustellen, der mindestens die vereinbarte Maximalzahl (die "Fenstergröße") von Records aufnehmen können muß.

Der Sender ist verpflichtet, rechtzeitig - d.h. spätestens mit dem letzten erlaubten unquittierten Record, bevor sich das Fenster schließt - eine Quittung vom Empfänger anzufordern; dabei wird der günstigste Zeitpunkt durch eine lokale Entscheidungsfunktion ermittelt.

Die Quittung ist entweder ein 'rr', d.h. der Empfänger hat in seinem Puffer genügend Platz, um ein volles Fenster aufzunehmen, und der Sender darf deswegen wiederum die vereinbarte Maximalzahl an Records senden.
Im anderen Fall ist die Quittung ein 'rnr', d.h. der Empfänger kann kein volles Fenster mehr aufnehmen.

Das 'rnr' enthält eine positive Quittung bezüglich der beim Empfänger eingetroffenen Records, d.h. 'rnr' enthält die Folgenummer des nächsten beim Empfänger erwarteten Records. Der Sender darf das Fenster nicht weiterstellen. Der Sender darf dann nur noch soviele Records senden, bis die Zahl der nicht durch 'rr' quittierten Records die Maximalzahl erreicht hat. Bei Auflösung des Staus übermittelt der Empfänger unaufgefordert dem Sender ein 'rr'.

Verzögert sich die Datenübergabe an den empfangenden Benutzer, d.h. hat der Empfänger 'rnr' übermittelt oder geht die Quittungsanforderung verloren, so erreicht der Sender u.U. das Ende seines Fensters. Er darf dann keine weiteren I-Records mehr senden. Nach Erreichen des Fensterendes und Ablauf von T erfolgt vom Sender eine erneute Quittungsanforderung, diesmal mit der 'transport-protocol-data-unit' 'status'. 'status' wird mit Timer überwacht. Implementationsabhängig sind Wiederholungen von 'status' möglich.

Wegen der geforderten Unabhängigkeit der Transportverbindungen ist die explizite Flußkontrolle eine notwendige Voraussetzung für die optionale Multiplexfunktion (vgl. 6.7).

Vergleich der Flußkontrollverfahren

Im Vergleich zum Rückstaumechanismus ergeben sich folgende Unterschiede:

- Verwendung der RESET-Funktion:

  Bei der Verwendung der expliziten Flußkontrolle kann innerhalb der Netzwerkverbindung keine Stausituation auftreten; deshalb ist es nicht notwendig, in der Netzwerkverbindung befindliche Daten mittels der Ebene-3-Funktion RESET zu löschen, um dem Partnerautomaten Steuerinformationen ('reseti', 'abort') sicher zuzustellen. Um Daten anderer Transportverbindungen nicht zu zerstören, ist die Bedienung der RESET-Funktion bei der Verwendung der optionalen Multiplex-Funktion verboten.

- Verzögerung der Freigabe des Schnittstellenpuffers zur Netzwerkmaschine (D TRANSFER_CONFIRMATION):

  Beim Rückstaumechanismus wird der Schnittstellenpuffer vom empfangenden Automaten erst nach Abnahme der Nutzdaten durch den Benutzer freigegeben. Dagegen erfolgt bei Verwendung der expliziten Flußkontrolle die Freigabe des Puffers sofort nach Übernahme der Daten in den internen Ausgabepuffer der Transportebene (der mindestens "Fenstergröße" haben muß).

Benutzung von Puffern:

Während beim Rückstaumechanismus die Pufferkapazität der Netzwerkmaschine benutzt wird, muß im Falle der expliziten Flußkontrolle der Empfänger einen eigenen Puffer zur Verfügung stellen; dieser Puffer muß mindestens die vereinbarte Maximalzahl von Records aufnehmen können.

Pufferbedarf des Senders:

Die Automaten benötigen in Senderichtung einen Puffer in der Größe eines I-Records (Parameter Maximale_Recordlänge).

Beide kommunizierenden Automaten benötigen dagegen einen Empfangspuffer, der mindestens "Fenstergröße" hat, selbst wenn der Datenverkehr nur halbduplex betrieben wird.

Restriktion an das Benutzerprotokoll:

Die Benutzerprotokolle müssen unter der Annahme der "Zero-Buffer-Assumption" abgewickelt werden; d.h. die Applikationen dürfen in ihren Protokollen vom Vorhandensein von Pufferkapazität im Transportmedium keinen Gebrauch machen (siehe /RA78/).

Die Anwahl der Option "explizite Flußkontrolle":

Die Fenstergröße wird beim Verbindungsaufbau von den Kommunikationspartnern mit dem Schlüsselwortparameter W im 'open' vereinbart (siehe Abb. F zu 6.4.1). Dazu wird im 'open' der Parameter "Flußkontrollverfahren" benutzt: 0 bedeutet Rückstaumechanismus; eine Zahl aus dem Bereich von 1 bis 99 dagegen bedeutet, daß die explizite Flußkontrolle verwendet wird. Diese Zahl gibt gleichzeitig die Fenstergröße an. 'open' wird mit 'accepted' akzeptiert oder mit 'end' abgewiesen. Kann der Kommunikationspartner das vom Anrufer vorgeschlagene Flußkontrollverfahren bzw. die gewünschte Fenstergröße nicht akzeptieren, so teilt er im 'end' den ihm maximal möglichen Wert mit. Daraufhin kann der Anrufer sein 'open' mit verändertem Wert wiederholen (siehe Abb. F zu 6.4.1).

Die folgenden Abschnitte beschreiben die Sende- und Empfangsautomaten, die - je nach Art des gewählten Flußkontrollverfahrens - verwendet werden können.

## 6.5.2 Die Automaten des Datenprotokolls

### 6.5.2.1 Der Sendeautomat

Bei der Verwendung der expliziten Flußkontrolle ist die Steuerung des Sendens komplexer als bei der Verwendung des Rückstaumechanismus. Der Sende-Modellautomat ist jedoch so konstruiert, daß er für beide Flußkontrollverfahren verwendet werden kann. Über die Parameter des Automaten ist u.a. einstellbar, welches Flußkontrollverfahren zur Anwendung kommt.

Auch die Verwendung der optionalen Funktion "Blocken" (vgl. 6.9) ist durch die Wahl einer geeigneten Entscheidungsfunktion FORWARD einstellbar.

Weiterhin ist der Automat unabhängig von der Wahl des Wiederherstellungsverfahrens (vgl. 6.8).

Der jeweilige Sendemodus ist über die Parameter und die Entscheidungsfunktionen des Automaten einstellbar.

Der Sendeautomat ist in Abb. A zu 6.5.2.1 beschrieben. In Abb. B zu 6.5.2.1 sind noch einmal gesondert die Teile des Automaten dargestellt, die bei Verwendung des Rückstaumechanismus benötigt werden.

Legende zum Sendeautomaten

- FORWARD:

  Für EHKP 4 ist eine optionale Funktion "Blocken" vorgesehen. Bei diesem Verfahren können mit einem I-Record mehrere 'transport-service-data-units' transportiert werden. Um die Einbettung dieser Option zu ermöglichen, wurde in den Sendeautomaten die Funktion FORWARD aufgenommen. FORWARD ist eine lokale Entscheidungsfunktion, die das Senden der Nutzdaten steuert. Insbesondere wird die optionale Funktion "Blocken" über FORWARD gesteuert.

  Wird die Option nicht verwendet, so hat FORWARD stets den Wert TRUE, d.h. alle im Eingangspuffer befindlichen Nutzdaten werden zum frühest möglichen Zeitpunkt gesendet. Wird geblockt, so erhält FORWARD spätestens dann den Wert TRUE, wenn der Eingangspuffer keine vollständige 'interface-data-unit' mehr aufnehmen kann.

- Fragmentieren:

  Das Fragmentieren einer 'transport-service-data-unit' des Benutzers in mehrere I-Records ist im Sendeautomaten implizit dargestellt: Um die Daten eines D DATA_REQUEST abzuschicken, ist ein mehrfaches Durchlaufen des Zyklus D TRANSFER_REQUEST, U TRANSFER_RESPONSE notwendig. Dafür ist ein Bitverkettungsmechanismus definiert (siehe Kap. 7).

- <entsprechendes_Schnittstellensignal>

  Wurde der IDLE-Zustand durch D DATA_REQUEST verlassen, so erfolgt hier U DATA_ RESPONSE.

  Wurde der IDLE-Zustand durch D PUSH_REQUEST verlassen, so erfolgt hier U PUSH_ REPONSE.

  Wurde der IDLE-Zustand durch U RESET_INDICATION verlassen, so erfolgt hier keine Rückmeldung.

- Fenstergröße:

  Bei Verwendung der expliziten Flußkontrolle wird dieser Parameter beim Verbindungsaufbau vereinbart (Parameter "Flußkontrollverfahren" in den 'transport-protocol-data-units' 'open' und 'end').

  Die Records werden bei Null beginnend und unabhängig von der Fenstergröße modulo 256 gezählt. Als Restriktion für die Fenstergröße ergibt sich daraus, daß sie kleiner als 256 sein muß, um die Verwechselungsgefahr von Nutzdatenrecords mit gleicher Nummer auszuschließen. Die in den Protokollformaten festgelegte zweistellige Fenstergröße genügt dieser Restriktion.

  Bei Verwendung des Rückstaumechanismus ist der Parameter "Fenstergröße" auf unendlich zu setzen.

- Zahl_nicht_quittierter_Records

  Die Quittungen 'rr' enthalten die Folgenummer des nächsten bei der Senke erwarteten Records. Der Sender darf daraufhin wieder ein volles Fenster an Records schicken, muß aber dann das Senden bis zum Erhalt einer weiteren Quittung 'rr' unterbrechen. Zur Steuerung dieses Verhaltens dient die Variable Zahl_nicht_quittierter_Records. Sie wird auf 0 initialisiert, nach jeder TRANSFER_RESPONSE erhöht und nach Erhalt einer Quittung 'rr' auf den Wert "FOLGENUMMER-SOLLNUMMER des nächsten bei der Senke erwarteten Records" gesetzt.

- POLL:

  Die lokale Entscheidungsfunktion POLL entscheidet für jeden Record, ob ihm eine Quittungsanforderung beigepackt wird oder nicht. Sie kann die Werte TRUE oder FALSE annehmen.

  Wird die optionale explizite Flußkontrolle von zwei Kommunikationspartnern nicht benutzt, so hat die Funktion POLL stets den Wert FALSE.

  Bei Verwendung der expliziten Flußkontrolle ermittelt die Funktion POLL den optimalen Zeitpunkt der Quittungsanforderung. Zu frühe Quittungsanforderungen belasten den Datenfluß in Empfangsrichtung. Zu späte Anforderungen zwingen den Sender, das Senden bis zum Erhalt einer Quittung 'rr' zu unterbrechen. Das zeitliche Optimum der Quittungsanforderung ist dadurch charakterisiert, daß der Sender die Wartezeit auf die Quittung 'rr' gerade zum Senden der noch zulässigen Records nutzen kann, bevor die Zahl_nicht_quittierter_Records die Fenstergröße erreicht.

  Eine günstige Implementierung von POLL kann den Nutzdatendurchsatz erheblich steigern.

  Folgende Restriktion ist dabei jedoch einzuhalten:

  POLL muß so implementiert sein, daß bei jeder Sequenz record (i mod 256), record (i+1 mod 256), ..., record (i+Fenstergröße mod 256) mindestens einmal eine Quittungsanforderung beigepackt wird.

- FED (fast-error-detection)

  Die Sequenzkontrolle geschieht durch Vergleich von SOLL- und FOLGENUMMER beim Empfänger. Ein Verlust von Nutzdaten wird erst dann erkannt, wenn der nächste Record eintrifft. Dies führt zu Schwierigkeiten, wenn der letzte Record einer Nachricht verlorengeht, da dessen Verlust nicht mittels einer nächsten Recordnummer erkannt werden kann.
  Daher gibt es die Möglichkeit, in Abhängigkeit vom Wert einer Variablen FED eine "fast-error-detection" durchzuführen:

  Der Sender, der - ebenso wie der Empfänger - von einem möglichen Datenverlust durch U RESET_INDIACTION informiert wird, prüft hierauf, ob sich in seinem Eingabepuffer noch zu sendende I-Records befinden.
  Hierbei kann es sich sowohl um erstmalig zu sendende Nutzdaten handeln, als auch um Records, die im Rahmen eines optionalen Wiederherstellungsverfahrens zum nochmaligen Senden in den Eingabepuffer eingetragen wurden.

  Ist der Eingabepuffer leer, sind also keine weiteren Daten zu senden, so schickt der Sender seinem Partner einen leeren I-Record. Der leere I-Record ist als letzter Record einer Nachricht zu kennzeichnen, d.h. zu ketten.

  Der Empfänger kann dann die Nummer dieses Records mit der erwarteten Nummer vergleichen und so einen eventuellen Verlust des letzten Nutzdaten-Records feststellen.

  Erfolgt nach Absenden des leeren I-Records eine erneute U RESET_INDICATION, so schickt der Sender einen weiteren leeren I-Record.

Hatte der Sender mit seinem letzten zu sendenden Nutzdaten-Record gerade die vereinbarte Fenstergröße an unquittierten Records erreicht und befindet sich im Zustand "Warten auf Quittung", so darf er bei einer U RESET_INDICATION aufgrund des Fenstermechanismus keinen leeren I-Record schicken.

Für den Fall, daß der Eingabepuffer leer ist, trägt er aber zur Sicherheit einen leeren I-Record in den Puffer ein, um nach erfolgter Quittung 'rr' durch Senden dieses Records dem Empfänger die Möglichkeit zu geben, ggf. eingetretene Datenverluste noch zu erkennen.

Die Durchführung der "fast-error-detection" wird über die Schnittstellensignale D DATA_REQUEST und D PUSH_REQUEST gesteuert. Durch D PUSH_REQUEST wird FED eingeschaltet, durch D DATA_REQUEST ausgeschaltet.
Diese Steuerung der "fast-error-detection" entspricht der Benutzersicht: Da das Transportmedium u.U. die Benutzerdaten zwischenpuffert, muß der Benutzer davon ausgehen, daß ihm ein eingetretener Datenverlust erst relativ spät, etwa erst, nachdem er weitere Nutzdaten zum Transport übergeben hat, gemeldet wird.
Ist er aber an frühzeitiger Unterrichtung über Datenverlust interessiert, weil er seine Sendeaktitär bis zur Reaktion seines Kommunikationspartners unterbricht, so muß er auch mit D PUSH_REQUEST das sofortige Absenden aller Nutzdaten an den Partner erzwingen. Erneute Sendeaktivität (D DATA_REQUEST) ist dann Kriterium dafür, daß der "handshake" des Benutzerprotokolls stattgefunden hat.

- Zähler (POLL), POLL_MAX, TIMER (POLL, t)

  Der Empfänger ist verpflichtet, einer Staumeldung 'rnr' unaufgefordert eine Quittung 'rr' folgen zu lassen, jedoch erst nach Beseitigung der Stausituation im Empfangspuffer. Um für den Sender ein sicheres Ereignis zu erzeugen (sowohl Quittungsanforderung als auch Quittung können verlorengehen), ist die Überwachung des Eintreffens der Quittung 'rr' mit dem TIMER (POLL, t) nötig. Nach seinem Ablauf wird mit 'status' erneut eine Quittung angefordert.

  Um diesen Zirkel sicher zu verlassen, sind der Zähler (POLL) sowie seine Oberschranke POLL_MAX notwendig.

- G DISCONNECT

  Nach erfolglosem "Warten auf Quittung" wird der Verbindungsabbauautomat mit G DISCONNECT beauftragt, die Verbindung abzubrechen (siehe dort: I DISCONNECT).

Implementierungshinweise:

1) Es empfiehlt sich, die Empfangspuffer größer zu dimensionieren, als zur Aufnahme der Maximalzahl von Records nötig ist. Dann kann i.a. der Empfänger eine Quittungsanforderung auch dann mit 'rr' beantworten, wenn der Empfangspuffer zwar nicht vollständig leer ist, aber noch Platz für ein volles Fester hat.

2) Es gibt einen dynamisch-variablen, optimalen Zeitpunkt für eine beigepackte Quittungsanforderung. Dieser Zeitpunkt ist durch folgende Parameter charakterisiert: zum einen durch die durchschnittliche Zeit, die zwischen zwei aufeinanderfolgenden DATA_REQUEST vergeht, multipliziert mit der Anzahl der Records, die noch abgeschickt werden können, bevor die Antwort auf die Quittungsanforderung beim Sender eintrifft (und die noch in das Fenster passen);
zum anderen durch die durchschnittliche erwartete Laufzeit der Quittungsanforderung und des 'rnr' bzw. 'rr'.

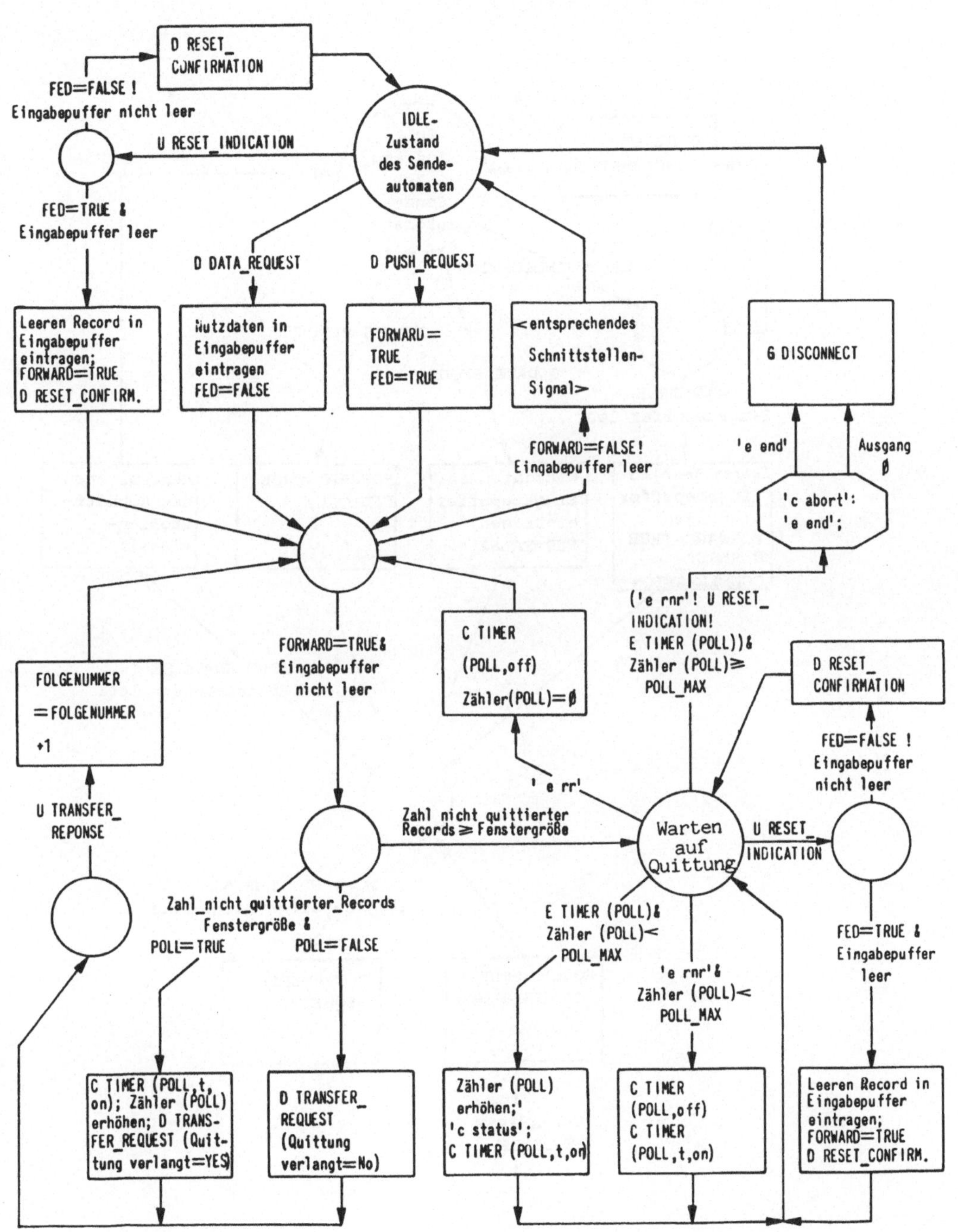


Abb. A zu 6.5.2.1: Der Sendeautomat

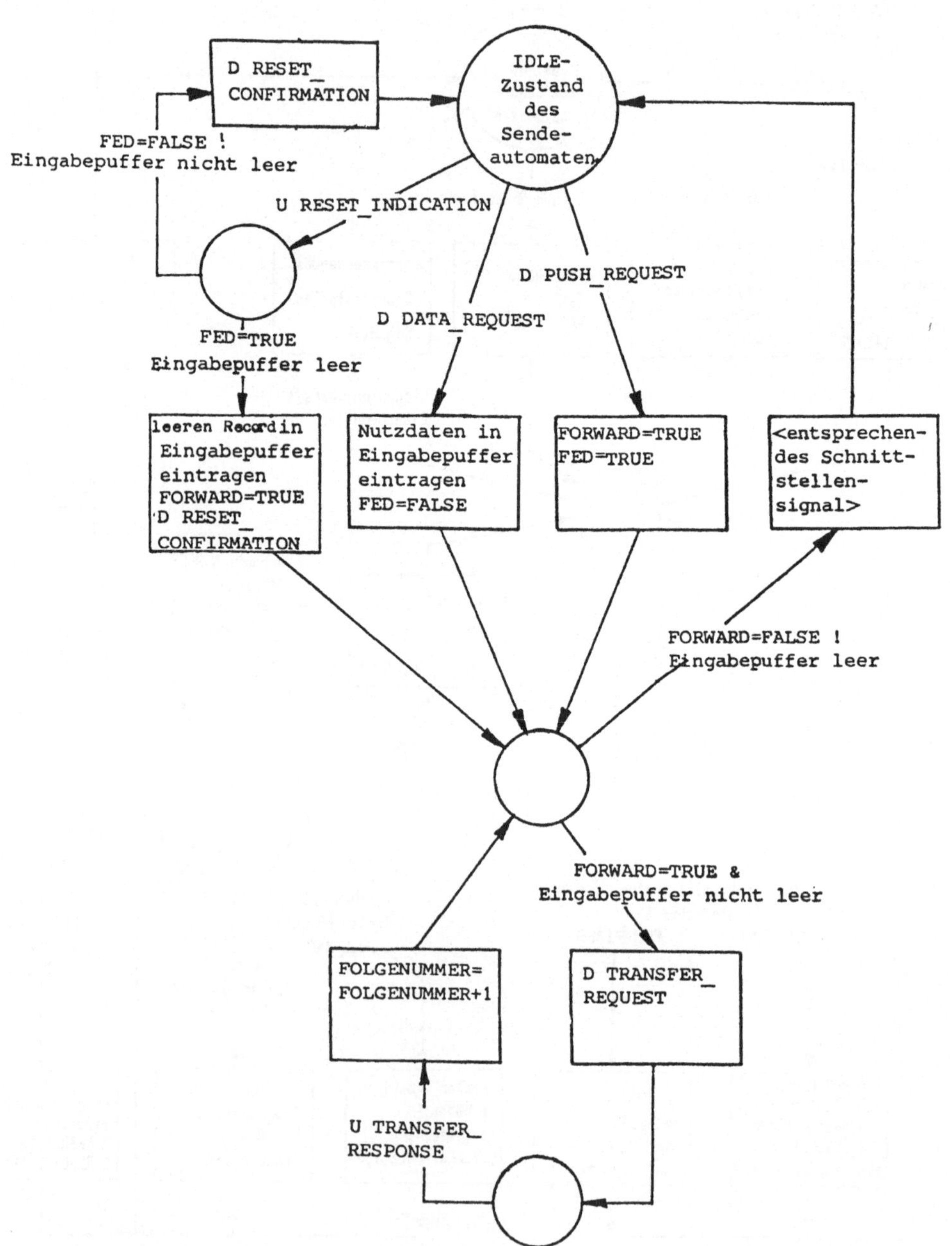


Abb. B zu 6.5.2.1.: Der Sendeautomat bei Verwendung des Rückstaumechanismus

### 6.5.2.2 Der Empfangsautomat

Während auf der Senderseite ein Automat für beide möglichen Flußkontrollverfahren verwendet werden kann, ist für jedes der Verfahren ein eigener Empfangsautomat erforderlich.

#### 6.5.2.2.1 Der Empfangsautomat bei Verwendung des Rückstaumechanismus

Dieser Automat wird durch die folgende Abbildung beschrieben.

Stellt der Empfänger einen Sequenzfehler fest, so generiert er eine interne 'enabling condition' (G SEQUENCE_ERROR) , die den initiativen Rücksetzautomaten aktiviert (siehe dort: I SEQUENCE_ERROR).

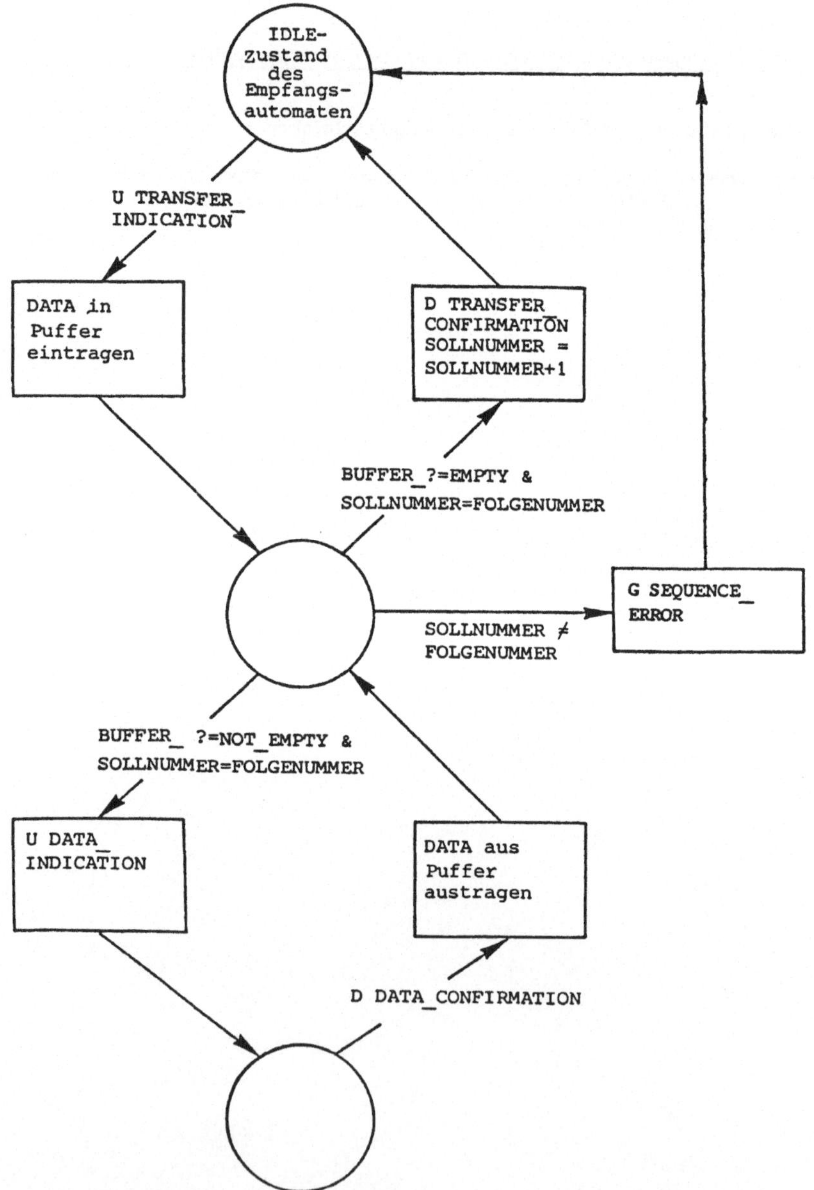


Abb. zu 6.5.2.2.1.: Der Empfangsautomat bei Verwendung des Rückstaumechanismus

### 6.5.2.2.2 Der Empfangsautomat bei Verwendung der optionalen expliziten Flußkontrolle

Das Empfangen von Nutzdaten und die Steuerung der expliziten Flußkontrolle durch den Empfänger ist durch drei asynchrone Prozesse realisiert:

A) Die Entgegennahme von 'transport-protocol-data-units' an der Schnittstelle zur Netzwerkmaschine, die Auswertung und das Abtrennen des Headers, das Eintragen der Nutzdaten in den internen Puffer sowie dessen Verwaltung.

B) Die Beantwortung der Quittungsanforderungen des Senders.

C) Die Übergabe der Daten aus dem internen Puffer an die Service-Schnittstelle zu den Benutzern des Transportmediums.

Legende zu den Automaten "Die Entgegennahme von Daten bei Verwendung der expliziten Flußkontrolle" und "Die Datenübergabe an den empfangenden Benutzer":

- y = 'data':

  Die 'transport-protocol-data-units' haben das Format von I-Records (siehe Kapitel 7).

- keine Wiederholung:

  Nur solche I-Records, die keine Wiederholungen sind, aktivieren den Empfangsautomaten.

- G SEQUENCE_ERROR:

  Ist bei der Entgegennahme eines Records seine FOLGENUMMER ungleich der SOLLNUMMER, so wird die 'enabling condition' G SEQUENCE_ERROR generiert, die dann das vereinbarte Wiederherstellungsverfahren aktiviert.

- G POLL:

  Ist eine Quittungsanforderung beigepackt, so wird POLL generiert, um nach Eintragen der Daten in den Ausgabepuffer die 'transport-protocol-data-unit' 'rr' bzw. 'rnr' auszusenden.

- Nutzdaten e n t b l o c k t in Ausgabepuffer eintragen:

  Das Entblocken wird in einer weiteren Ausbaustufe der EHKP 4 zusammen mit der Option "Blocken" beschrieben.

- letzter Record einer Nachricht:
  (Assemblieren fragmentierter 'transport-service-data-units').

  Die Information, ob mehrere 'network-service-data-units' zu einer 'transport-service-data-unit' zu assemblieren sind, ist durch die Bitverkettung der 'network-service-data-unit' gegeben. Bei der Datenübergabe U DATA_INDICATION ist der Parameter 'end_of_transport_service_data_unit_indicator' entsprechend zu setzen, falls nicht die ganze 'transport-service-data-unit' an der Schnittstelle übergeben werden kann.

Legende zum Automaten "Die explizite Flußkontrolle beim Empfänger":

Nach Empfang einer 'transport-protocol-data-unit' 'status' oder einer generierten 'enabling condition' POLL antwortet der Automat dann mit 'rr', wenn im Eingangspuffer ein volles Fenster frei ist; ist dies nicht der Fall, so sendet er 'rnr' und wartet auf das Freimachen des Fensters durch den Datenübergabe-Automaten, das er mit 'rr' dem Sender meldet. Kommt vorher erneut ein 'status', so wiederholt er sein 'rnr' und wartet erneut.

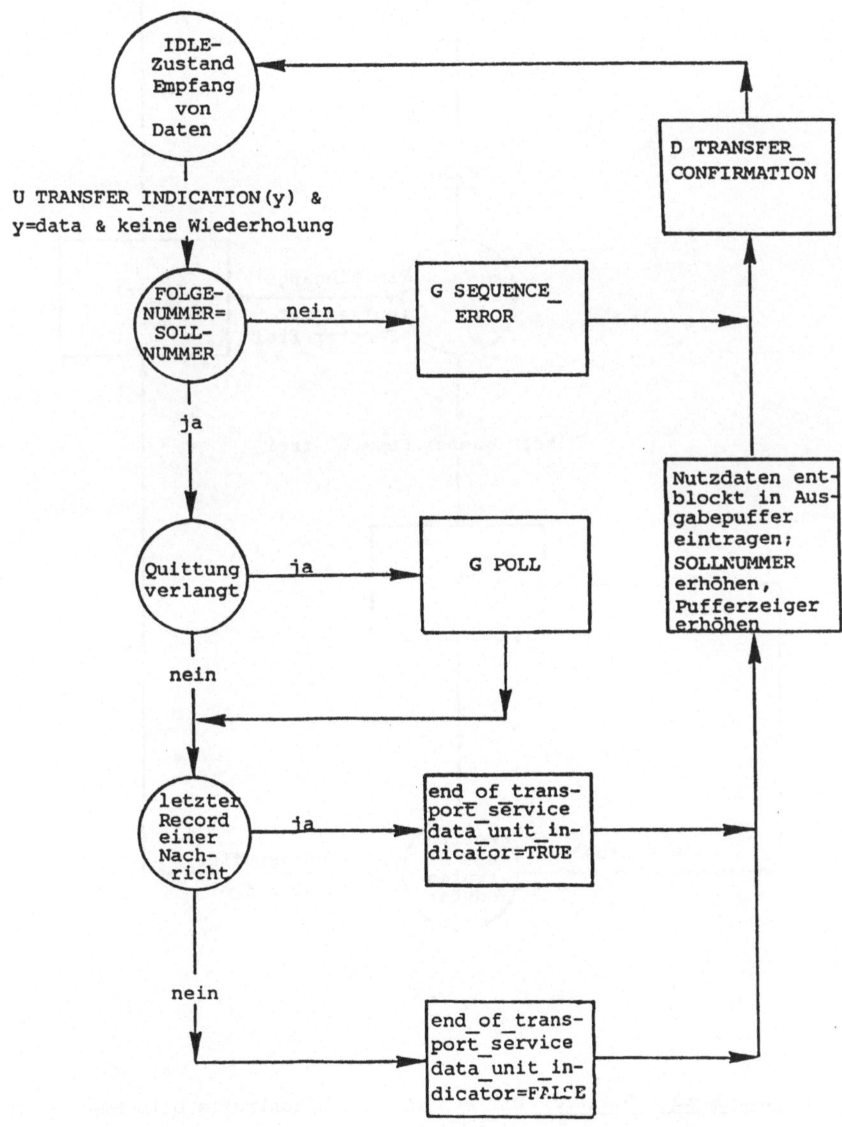


Abb. A zu 6.5.2.2.2.: Die Entgegennahme von Daten bei Verwendung der expliziten Flußkontrolle

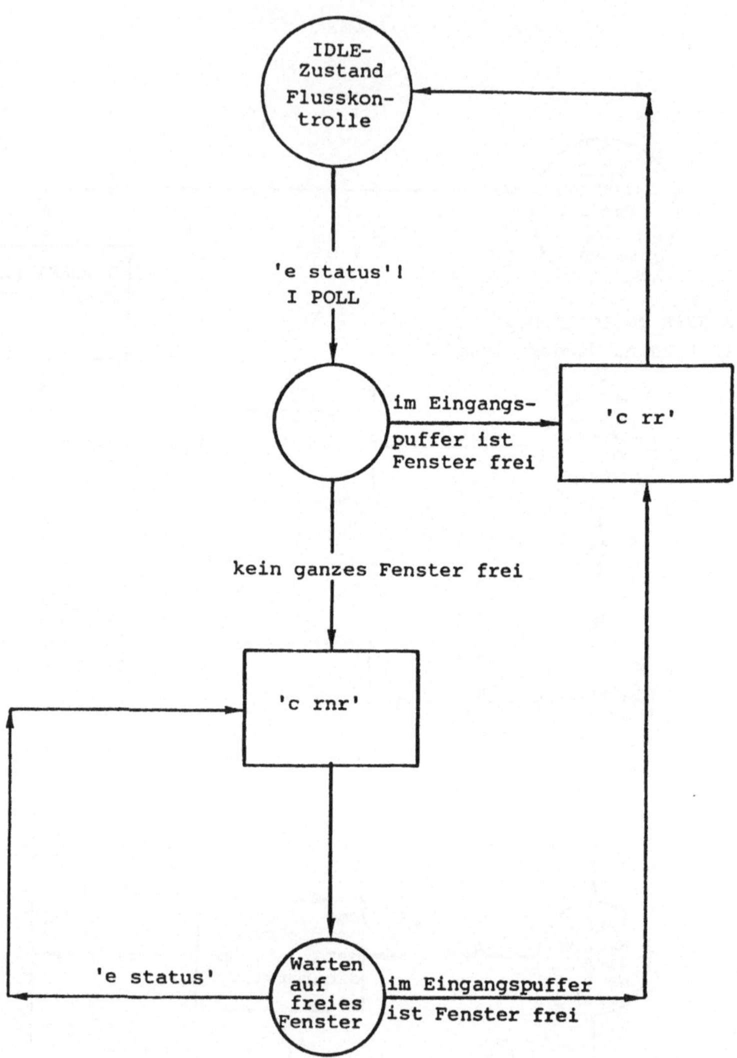


Abb. B zu 6.5.2.2.2.: Die explizite Flußkontrolle beim Empfänger

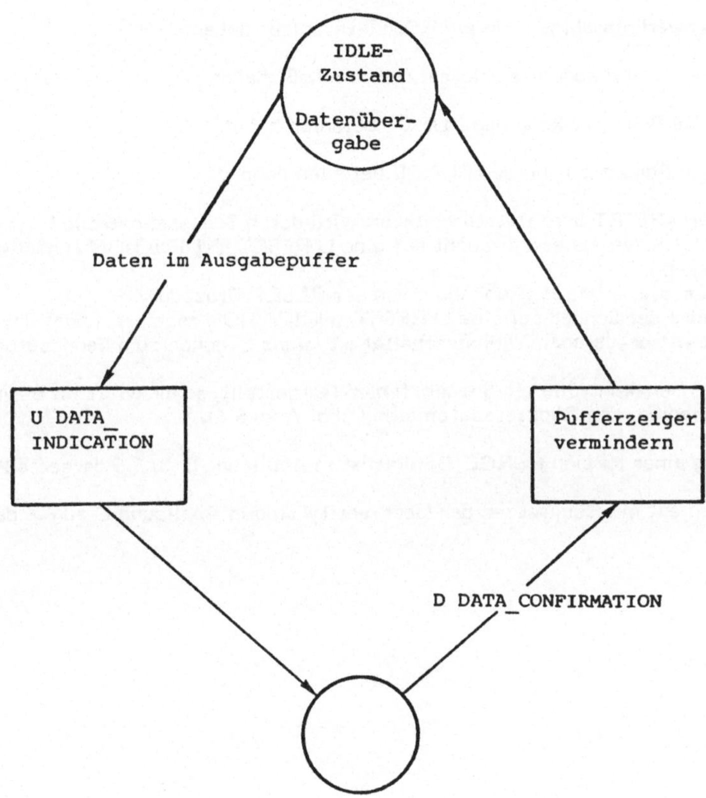


Abb. C zu 6.5.2.2.2.: Die Datenübergabe an den empfangenden Benutzer

## 6.6 Das Rücksetzprotokoll

Während der Datentransferphase sind folgende nicht von der 'Ebene 4-entity' selbst initiierten Rücksetzfälle möglich:

- Die Netzwerkmaschine kann ein RESET veranlaßt haben.
- Die 'peer-entity' kann das Rücksetzen veranlaßt haben.
- Der lokale Benutzer kann den PURGE befohlen haben.
- Der ferne Benutzer kann den PURGE befohlen haben.

Ob ein Netzwerk-RESET datenzerstörend war, wird durch Sequenzkontrolle beim Empfänger entschieden. Dieser braucht auf eine U RESET_INDICATION zunächst nicht zu reagieren.
Die Sequenzkontrolle arbeitet unabhängig von der RESET-Prozedur.
Auf welche Weise der Sender auf eine U RESET_INDICATION reagiert, hängt davon ab, ob die "fast-error-detection" eingeschaltet ist (siehe Legende zum Sendeautomaten).

Wird bei der Sequenzkontrolle ein Sequenzfehler festgestellt, so aktiviert im Basisdienst das Transportmedium den Rücksetzautomaten (Abb. A zu 6.6).

Die Behandlung eines lokalen PURGE-Befehls ist in Abbildung B zu 6.6 dargestellt.

Die Maßnahmen auf ein Rücksetzen der 'peer-entity' sind in Abbildung C zu 6.6 definiert.

Legende zu den Rücksetzautomaten

- I SEQUENCE_ERROR

  Vom Empfangsautomaten generierte 'enabling condition'

- G DISCONNECT

  beauftragt den Verbindungsabbauautomaten, die Verbindung abzubrechen (siehe dort: I DISCONNECT).

* Bemerkung zu D RESET_REQUEST bzw. U RESET_INDICATION

Wird der Rückstaumechanismus als alleiniges Flußkontrollverfahren an der Schnittstelle Ebene 3/4 verwendet, so ist es bei einer PURGE-Anforderung des Benutzers und beim Verbindungsabbruch nötig, die Netzwerkverbindung von Daten zu bereinigen, um die 'peer-entity' im Rahmen des Protokolls zuverlässig zu informieren. Dieses Bereinigen der Netzwerkverbindung geschieht mit der Ebene-3-Dienstleistung RESET. Im Fall der optionalen expliziten Flußkontrolle ist eine Stausituation innerhalb der Netzwerkverbindung i.a. nicht möglich. Die Ebene 3-Dienstleistung RESET soll dann nicht bedient werden, um nicht u.U. andere Transportverbindungen zu beeinträchtigen, die über die gleiche Netzwerkverbindung im Multiplexverfahren abgewickelt werden.

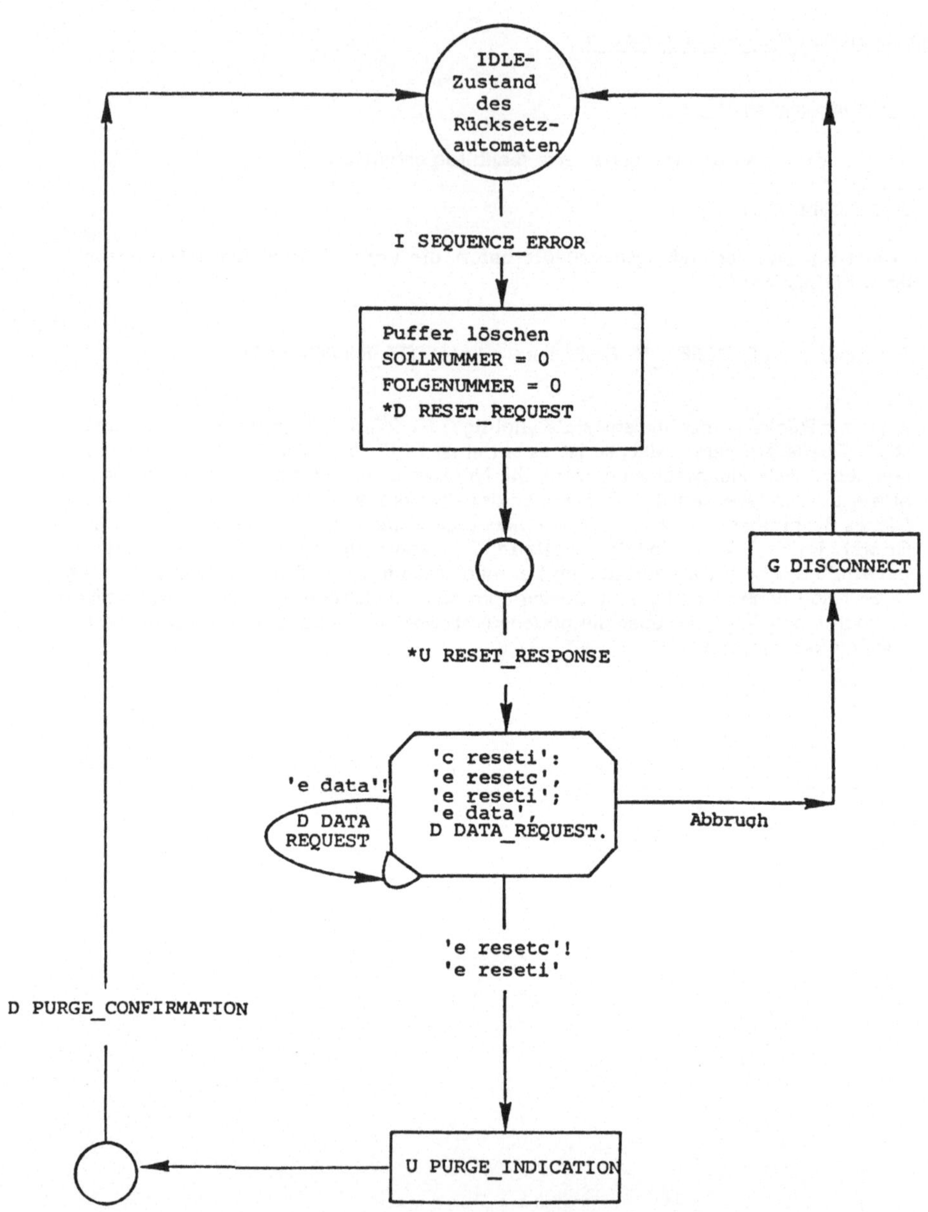


Abb. A zu 6.6: Die Behandlung eines Sequenz-Fehlers

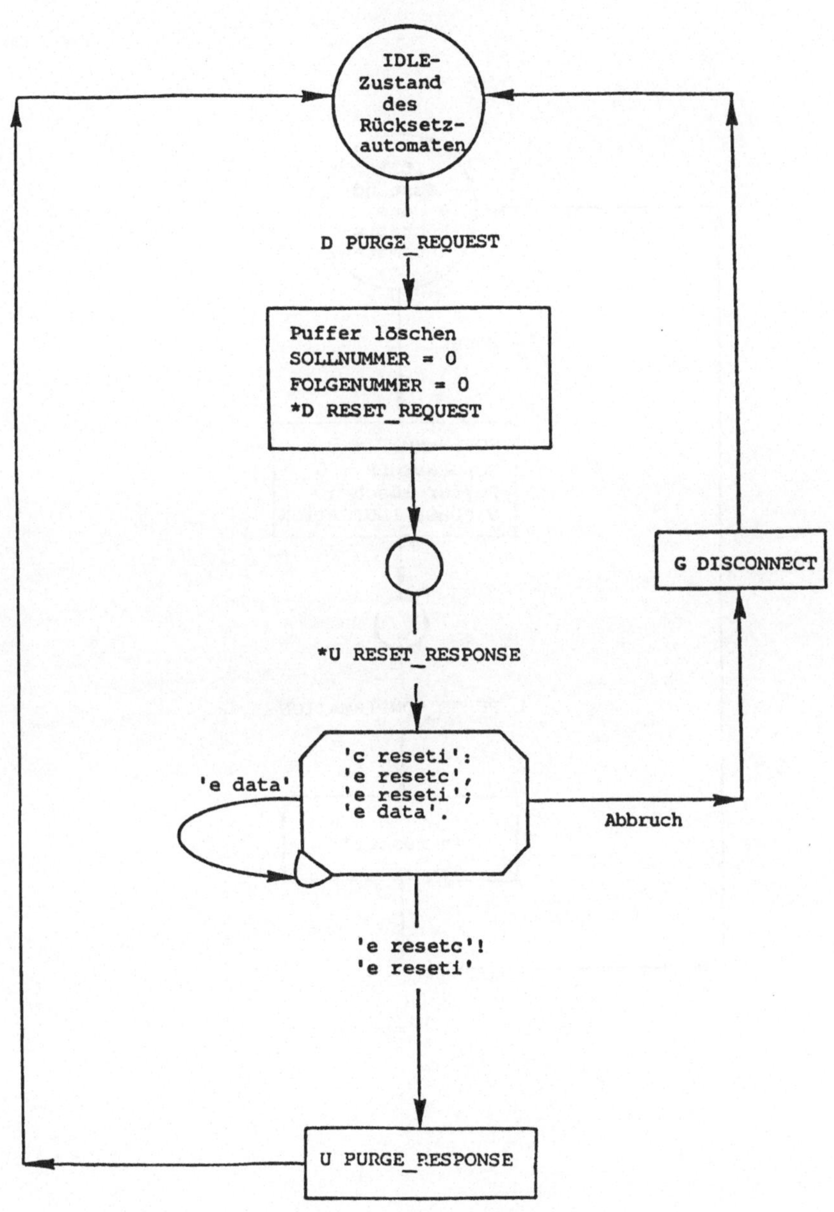


Abb. B zu 6.6: Die Behandlung eines PURGE_REQUEST

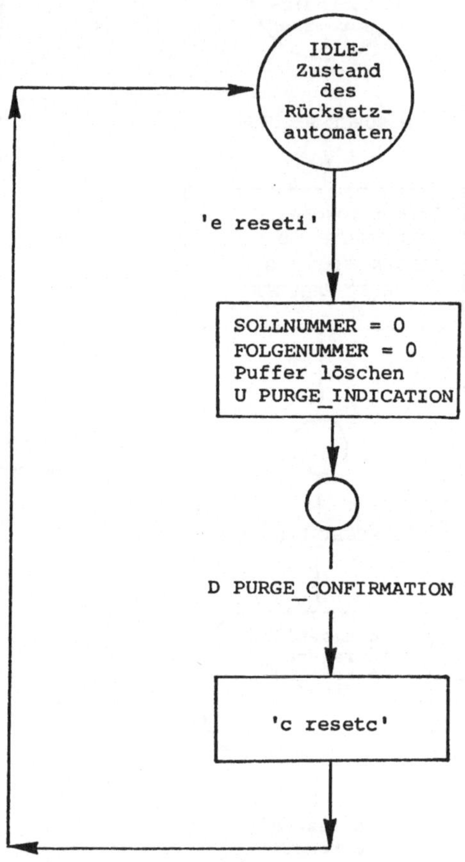


Abb. C zu 6.6: Die Behandlung einer 'reseti-protocol-data-unit'

## 6.7 Die optionale Multiplex-Funktion

Beim Multiplexen benutzen verschiedene Transportverbindungen dieselbe Netzwerkverbindung. Dazu muß ein Scheduler (ein an einen 'service-access-point' angeschlossener Verteiler) die aus dem Netz kommenden 'transport-protocol-data-units' an die entsprechenden Transportverbindungen verteilen.
Die Verteilung erfolgt nach dem Prinzip "my reference-your reference": Sender und Empfänger tauschen bei der Eröffnung ('open', 'accepted') ihre lokalen_Verbindungsreferenzen (bzw. die lokalen_Transaktionsnamen im Falle des Transaktionsdienstes) aus.
Beim Aussenden einer 'transport-protocol-data-unit' wird die lokale_Verbindungsreferenz (bzw. der lokale_Transaktionsname) des jeweiligen Partners in den Header des Records geschrieben.

Die Entscheidung, ob das Multiplexverfahren angewendet werden kann oder nicht, ist abhängig von folgenden Faktoren:

1) Die Multiplex-Funktion muß implementiert sein.

2) Alle im Multiplexverfahren aufgebauten Transportverbindungen müssen die explizite Flußkontrolle verwenden.

3) Die betroffenen Benutzer müssen das Verfahren evtl. genehmigen (abhängig von der Implementierung).

Die Anwahl der optionalen Multiplex-Funktion:

Die beiden Kommunikationspartner verständigen sich über die Verwendung der Multiplex-Funktion beim Verbindungsaufbau. Will der Anrufer die neue Transportverbindung zusammen mit schon bestehenden über dieselbe Netzwerkverbindung im Multiplexverfahren betreiben, so schickt er über diese Netzwerkverbindung eine 'transport-protocol-data-unit' 'open' mit einer neuen lokalen_Verbindungsreferenz. Kann oder will der Partner diese weitere Transportverbindung nicht im Multiplexverfahren betreiben, so lehnt er den Aufbauwunsch mit 'end' ab. Dabei teilt er im Diagnostikfeld des 'end' (vgl. Kap. 7) mit, daß der Wunsch zur Anwendung des Multiplexverfahrens zur Ablehnung der Verbindung führte.

## 6.8 Optionale Wiederherstellungsfunktionen

Das einfachste Wiederherstellungsverfahren im Transportprotokoll ist die Normierung der Transportverbindung. Dieses "Reset-Wiederherstellungsverfahren" (auch Reset-Prozedur genannt) ist im Rücksetz-Protokoll (Kap. 6.6) beschrieben. Im Basisdienst wird ausschließlich dieses Wiederherstellungsverfahren angewendet. Beim Aufbau der Transportverbindung ist im 'open' der Parameter 'Version bzgl. Wiederherstellung' (Schlüsselwort V) entsprechend mit "C" zu spezifizieren.

Als optionale Funktion können im Transportprotokoll auch leistungsfähigere Wiederherstellungsverfahren gewählt werden:

- die Reject-Prozedur
  (Schlüsselwort V im 'open' mit "B" spezifizieren)

- die Lost-Prozedur
  (Schlüsselwort V im 'open' mit "A" spezifizieren)

### 6.8.1 Die optionale Reject-Wiederherstellung (Reject-Prozedur)

I-Records der Ebene 4 können durch Fehler irgendwelcher Art in den unterlagerten Schichten des Datennetzes aber auch in der Transportschicht selbst verloren gehen bzw. zerstört werden. Die optionale Reject-Prozedur bereinigt derartige Fehler im Transportprotokoll, ohne die höheren Ebenen mit der Wiederherstellung zu belasten.

In der Reject-Prozedur fordert der Sender in bestimmten Abständen vom Empfänger eine Quittung für die übersandten I-Records. (Quittungsanforderungsbit im Formattyp der I-Records, vgl. Kap. 7). Zusätzlich zu dieser Ende-zu-Ende-Quittierung, wie sie als optionale Funktion im Kapitel 6.12 beschrieben ist, muß der Sender jedoch alle I-Records bis zur Quittierung durch den Empfänger für eine u.U. erneute Übermittlung im Zugriff halten. Die technische Ausführung ist jeder Implementation freigestellt. "Im Zugriff halten" kann explizites Zwischenspeichern in der Transportebene, nur logisches Verwalten der I-Records in der Transportebene oder auch ein anderes funktionell identisches Verfahren bedeuten.

Die Empfangsquittierung erfolgt mit 'rr' und 'rnr'. Die Empfangsfolgenummer N (R) in 'rr' bzw. 'rnr' zeigt an, daß alle I-Records bis einschließlich der Sequenznummer N (R) - 1 (Modulo 256) ordnunsgemäß empfangen wurden. Der Sender kann daraufhin alle I-Records bis einschließlich der Folgenummer N (R) - 1 (Modulo 256) in seinem Zwischenspeicher (oder Äquivalent) löschen.

Durch Übermittlungsfehler irgendwelcher Art, z.B. ein RESET der Netzwerkmaschine, können ein oder mehrere I-Records verlorengehen. Der Empfänger bemerkt diesen Fehler anhand der Kontrolle der Folgenummern der I-Records (Sequenzkontrolle auch im Basisdienst enthalten) und antwortet mit 'reject'. Die Empfangsnummer N (R) im 'reject' bestätigt den ordnungsgemäßen Empfang aller I-Records bis einschließlich der Folgenummer N (R) - 1 (Modulo 256). 'reject' fordert den Sender auf, die Übermittlung der I-Records bei der Folgenummer N (R) wieder aufzusetzen. Erst mit dem Empfang eines I-Records mit der Folgenummer N (R) und Wiederholungsbit Y = 1 (vgl. Formattyp Kap. 7) ist für den Empfänger die Ablaufunterbrechung im Transportprotokoll behoben. Der Empfänger ignoriert alle u.U. zwischenzeitlich eintreffenden I-Records.

Die Reject-Wiederherstellung, d.h. das Eintreffen des I-Records mit richtiger Folgenummer und Wiederholungsbit Y = 1 wird vom Empfänger mit der Antwortüberwachung T überwacht. Nach Ablauf von T bricht der Empfänger die Transportverbindung mit 'abort' ab. Wird allerdings nach Aussenden von 'reject' und vor Ablauf der Zeitschranke T ein RESET der Netzwerkmaschine empfangen, so wird nach Ablauf von T 'reject' wiederholt.

Nach dem Empfang eines 'reject' setzt der Sender die Datenübermittlung auf den I-Record zurück, dessen Folgenummer gleich N(R) des 'reject' ist. Im ersten wiederholten I-Record ist das Wiederholungsbit Y=1 zu setzen. Sollte dem Sender aus irgendwelchen Gründen ein Zurücksetzen nicht möglich sein, so kann er die Reset-Prozedur gemäß Kap. 6.6 einleiten.

Um den für u.U. zu wiederholende I-Records zur Verfügung zu stellenden Speicherplatz sinnvoll zu begrenzen und die Reject-Wiederherstellung effektiv zu gestalten, dürfen beim Sender nur eine implementationsabhängig festzulegende Zahl NMAX von I-Records unquittiert anstehen. Der Sender muß in geeigneten Abständen eine Quittung des Empfängers anfordern, um möglichst nie die Grenze NMAX zu erreichen. Sollte dennoch, z.B. durch Verlust einer Quittung 'rr' oder 'rnr' die Grenze NMAX erreicht werden, so fordert der Sender mit dem letzten erlaubten I-Record eine Quittung des Empfängers an. Trifft darauf innerhalb der Antwortüberwachung T beim Sender keine Quittung ein, die die Fortführung der Datenübermittlung ermöglicht, so wiederholt der Sender die Quittungsanforderung nun mit 'status'. Trifft auch nach 'status' innerhalb T keine Quittung beim Sender ein, so wiederholt der Sender 'status' oder bricht die Transportverbindung mit 'abort' ab. Die Zahl der Wiederholungen von 'status' ist implementationsabhängig festzulegen.

Beim Empfang von 'status' antwortet der Empfänger sobald wie möglich mit der Quittung 'rr'. Bei Anwendung der optionalen expliziten Flußkontrolle (vgl. Kap. 6.5.1.2) darf der Empfänger bei entsprechender Bedingung statt 'rr' die Quittung 'rnr' senden. 'rnr' wird hinsichtlich der Reject-Wiederherstellung wie 'rr' behandelt. Die Datenübermittlung bzw. die u.U. notwendige Wiederherstellung darf jedoch entsprechend der expliziten Flußkontrolle bis zum Fensterende fortgeführt werden. Dann ist eine Quittung 'rr' erforderlich.

Hatte der Empfänger zuvor einen Sequenzfehler bemerkt und 'reject' ausgesendet, so beantwortet er 'status' normal mit 'rr' (bzw. 'rnr'), wobei die Empfangsnummer des 'rr' mit der des vorausgegangenen 'reject' übereinstimmt.

Hinweis:

- Die Reject-Prozedur steuert wie die explizite Flußkontrolle beide Verkehrsrichtungen unabhängig voneinander.
- Die Reject-Prozedur kann ohne Kompatibilitätsverlust in beiden Verkehrsrichtungen asymmetrisch betrieben werden.

Die Reject-Prozedur stützt sich weitgehend auf dieselben Protokollfunktionen wie die explizite Flußkontrolle. Aus diesem Grunde liegt es nahe, beide optionale Funktionen gemeinsam zu implementieren. Die maximale Anzahl unquittierter Records ist in diesem Falle gleich der Fenstergröße. Dennoch sind beide optionale Funktionen voneinander unabhängig. Sie müssen nicht unbedingt gleichzeitig aktiviert werden. Falls nur die Reject-Prozedur gewählt wird, bedarf es keiner expliziten Absprache über NMAX, der Sender kann die Anzahl unquittierter Records dynamisch ändern. Insbesondere ist zu beachten, daß die Reject-Prozedur erhöhten Speicherplatzbedarf beim Sender, die explizite Flußkontrolle jedoch erhöhten Speicherplatzbedarf beim Empfänger bedingt.

Anwahl der optionalen Reject-Prozedur:

Im 'open' ist der Parameter "Version_bzgl._Wiederherstellung" mit "B" zu spezifizieren. Jede Implementation von EHKP 4, die die Version "B" beherrscht, muß zugleich auch mit der Version "C" (Reset-Prozedur) arbeiten können (abwärtskompatibel). Wenn ein Partner das Wiederherstellungsverfahren "B" nicht akzeptieren will, so beantwortet er 'open' mit 'end', einem entsprechenden Diagnostikfeld und einem Textfeld, in dem die die Wiederherstellung betreffende Version mit "C" spezifiziert ist. Der Anmelder kann daraufhin ein erneutes 'open' mit der Wiederherstellungsversion "C" versuchen, falls es sinnvoll ist, die gewünschte Anwendung ohne Wiederherstellungsverfahren in der Transportschicht abzuwickeln. Dies ist eine Frage des von der Anwendung geforderten "Transportprofils" bzw. der "Transportqualität".

### 6.8.2 Die optionale Lost-Wiederherstellung (Lost-Prozedur)

Die Lost-Prozedur ist funktionell vergleichbar dem Selective-Reject-Wiederherstellungsverfahren, wie es beispielsweise im Rahmen der HDLC-Steuerungsverfahren definiert ist. Bei der Lost-Prozedur wird nur die nochmalige Übermittlung der fehlenden I-Records innerhalb gewisser Zeitgrenzen gefordert. Im Gegensatz zur Reject-Prozedur wird hierbei die erneute Übermittlung von I-Records, die von einer Übermittlungsstörung nicht direkt betroffen waren, vermieden. Die Lost-Prozedur erfordert Speicherplatz beim Empfänger, um die Records einzuordnen.

Die Lost-Prozedur wird über den Wert "A" für den Parameter, der die die Wiederherstellung betreffende Version kennzeichnet, im 'open' ausgewählt. Ein Teilnehmer, der die optionale Lost-Prozedur implementiert, muß zugleich auch mit den Wiederherstellungsversionen "B" und "C" arbeiten können. Wenn ein Partner das Wiederherstellungsverfahren "A" nicht akzeptieren will, so beantwortet er 'open' mit 'end', einem entsprechenden Diagnostikfeld und einem Textfeld, in dem die die Wiederherstellung betreffende Version mit "B" oder "C" spezifiziert ist. Der Anmelder kann daraufhin ein erneutes 'open' mit der entsprechenden Wiederherstellungsversion versuchen.

## 6.9 Die optionale Funktion "Blocken"

Die optionale Funktion "Blocken" soll eine effizientere Ausnutzung der Übertragungsressourcen des Datennetzes ermöglichen. Sendet ein Benutzer eine Folge von 'transport-service-data-units', deren Länge sehr ungünstig ist im Vergleich zu einer wirtschaftlichen Recordlänge, z.B. aufgrund einer maximalen bzw. gebührenpflichtigen Paketlänge des Datennetzes (bei Datex-P 128 bzw. 64 Bytes), so kann das Blocken von 'transport-service-data-units' in einen Record oder einer Folge von Records sinnvoll sein. Hierbei werden mehrere 'transport-service-data-units' von der Ebene 4 kontinuierlich in einen Record geschrieben, bis eine wirtschaftlich sinnvolle Recordlänge erreicht ist. Der Record wird gesendet, wenn

- die vereinbarte maximale Recordlänge erreicht ist
- oder eine Zeitschranke abgelaufen ist
- oder der Benutzer mit dem Dienstsignal "PUSH" das Senden der bisher übergebenen Daten fordert, weil beispielsweise ein logischer Abschnitt in den Nachrichten erreicht ist, zunächst keine weiteren Nachrichten folgen und eine Quittung der Gegenseite erwartet wird.

Vor jeder 'transport-service-data-unit' im Record ist ein Längenfeld von 4 Zeichen numerisch dezimal einzufügen (vgl. Abb. zu 6.9). Der Empfänger kann anhand dieser Längenfelder den Record wieder in 'transport-service-data-units' zerlegen. An der Schnittstelle zum Benutzer wird beim Empfänger eine Folge von 'transport-service-data-units' übergeben, die jeweils nur eine Nachricht enthalten.

Die Anwendung der optionalen Funktion "Blocken" bedarf einer besonderen Vereinbarung. Im 'open' ist dann zu spezifizieren: Blocken B = 1. Wird Blocken nicht beherrscht, so wird dies im 'end' mit B = 0 mitgeteilt.

Zur effektiveren und flexibleren Nutzung der Blockfunktion ist eine Headererweiterung (2 Bytes) für zusätzliche Angaben vorgesehen. Die Spezifizierung ist - zunächst - anwendungsspezifisch abzusprechen.

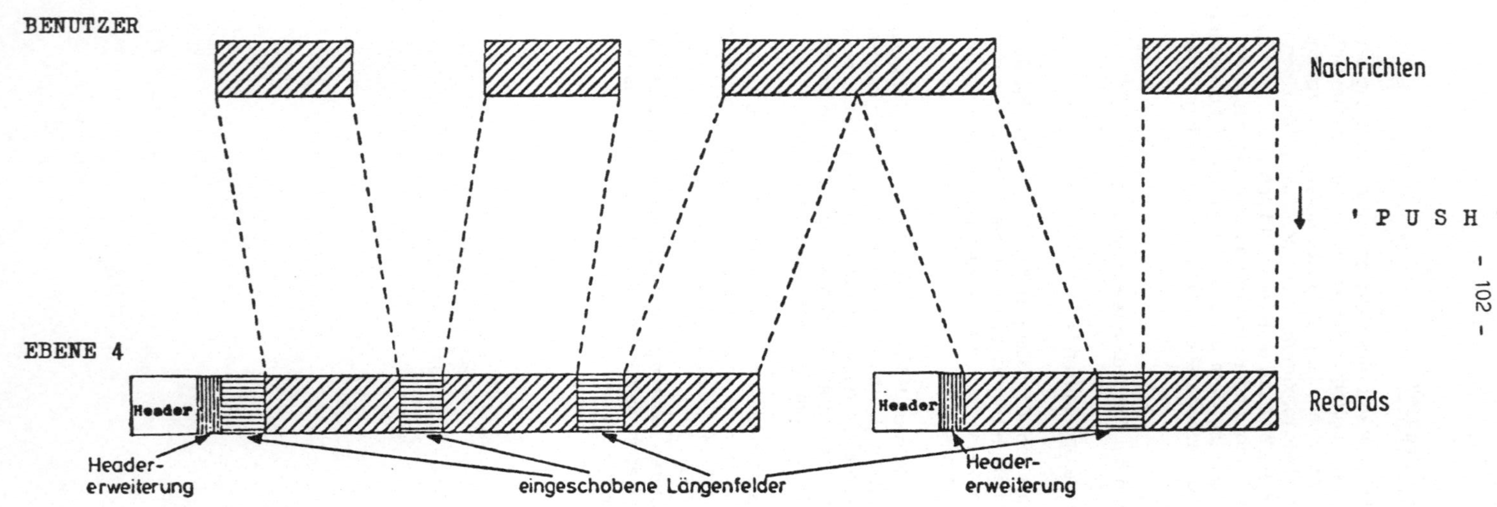


Abb. zu 6.9:

Im ersten Record zeigt das "more-data-bit" an, daß ein Teil der letzten Nachricht im nächsten Record ist. Im zweiten Record ist nach der Headererweiterung kein Längenfeld, da dieser Teil noch zur Nachricht im ersten Record gehört.

## 6.10 Der optionale Interrupt-Dienst

Der optionale Interrupt-Dienst der Ebene 4 stellt den Benutzern der Transportverbindung mit 'inter' als optionaler 'transport-protocol-data-unit' eine Übermittlungsmöglichkeit für Sonderinformationen zur Verfügung. 'inter' hat ein Textfeld von maximal 16 Bytes Länge. 'inter' wird von der expliziten Flußkontrolle in der Transportverbindung nicht beeinflußt und kann daher Stausituationen in der Transportverbindung umgehen.

Ähnliche Dienste bieten die Ebene 3 (INTERRUPT in CCITT X.25) und die Ebene 2 (U I Command, U I Response). Es wäre funktionell vorteilhaft, einen Interrupt der Ebene 4 stets auf einen Interrupt der Ebene 3 abzubilden. Bedauerlicherweise hat der Interrupt gemäß CCITT X.25 jedoch nur ein Datenfeld von 1 Byte Länge. Aus diesem Grunde muß 'inter' der Ebene 4 zum Beispiel in Datex-P als normales Datenpaket transportiert werden.

Die Implementierung des Interrupt-Dienstes bei Verwendung des Rückstaumechanismus sieht vor, daß einem 'inter' eine RESET-Aufforderung an die Ebene 3 vorangeht.

'inter' muß vom Empfänger mit der speziellen Bestätigung (Confirmation) 'interc' als 'transport-protocol-data-unit' bestätigt werden. In einer Transportverbindung darf zu einer Zeit nur ein 'inter' unbestätigt ausstehen.

Die Ebene 4 stellt die Interrupt-Möglichkeit den höheren Ebenen als Dienst INTERRUPT zur Verfügung.

INTERRUPT ist unabhängig vom Dienst DATA zu implementieren.

INTERRUPT:

D INTERRUPT_REQUEST (lokaler_Name_beim Sender,
<Nachricht_an_den_Empfänger>);

U INTERRUPT_RESPONSE (lokaler_Name_beim_Sender)

&

U INTERRUPT_INDICATION (lokaler_Name_beim_Empfänger,
<Nachricht_an_den_Empfänger>);

D INTERRUPT_CONFIRMATION (lokaler_Name_beim_Empfänger)

Die "Nachricht_an_den_Empfänger" darf maximal 16 Bytes Länge haben. Sie wird vom Datennetz transparent übertragen und empfängerseitig dem Benutzer zur Verfügung gestellt.

INTERRUPT wird nicht durch DATA-Flußsteuerungsmaßnahmen beeinflußt.

Die Verwendung des optionalen Dienstes INTERRUPT bedarf einer besonderen Absprache.

## 6.11 Die optionale Funktion "Wiederaufbau einer Netzwerkverbindung"

Beim Aufbau der Transportverbindung werden zwei Paar lokaler Namen ausgetauscht ("Lokale_Verbindungsreferenz" und "Lokaler_Verbindungsname"). Beim Zusammenbruch der Netzwerkverbindung verlieren die lokalen Verbindungsreferenzen ihre Bedeutung.

Mit dem Abbruch der Netzwerkverbindung muß jedoch nicht zwangsläufig der Abbruch der Transportverbindung einhergehen. Als optionale Erweiterung des Transportprotokolls kann vereinbart werden, daß nach einem Verlust der Netzwerkverbindung die Transportverbindung noch über die Zeit T erhalten und anhand der lokalen Verbindungsnamen beidseitig identifizierbar bleibt.

Während der Zeit T wird versucht, eine neue Netzwerkverbindung aufzubauen. Im Erfolgsfall wird mit der 'transport-protocol-data-unit' 'openw' (Open-Wiederholung) diese neue Netzwerkverbindung mit der alten Transportverbindung gekoppelt. Mit 'openw' werden also neue lokale Verbindungsreferenzen ausgetauscht. 'openw' führt im Textfeld nur die eigene neue lokale Verbindungsreferenz und den lokalen Verbindungsnamen der Gegenstelle. 'openw' wird wie 'open' mit 'accepted' beantwortet.

Nach erfolgreicher Durchführung von 'openw' kann die Datenübermittlung in der Transportverbindung wieder aufgenommen werden. Implementationsspezifisch kann auch zunächst mit der Reset-Prozedur oder bei Verwendung der optionalen Reject- oder Lost-Prozedur mit einer Statusanfrage 'status' begonnen werden.

Ist es innerhalb der Zeit T nach Abbruch der Netzwerkverbindung nicht möglich, eine neue Netzwerkverbindung aufzubauen, so wird die Transportverbindung ohne weiteren Informationsaustausch zwischen den Partnern abgebrochen. Die Benutzer werden entsprechend informiert.

Trifft nach dem Aussenden von 'openw' nicht innerhalb der Zeit T die Antwort 'accepted' ein, wird die Transportverbindung abgebrochen und die Netzwerkverbindung freigegeben.

Hat ein Partner die optionale Funktion "Wiederaufbau einer Netzwerkverbindung" nicht implementiert, so beantwortet er 'openw' mit 'end' und entsprechendem Diagnostikfeld.

### Contention-Situationen

Wenn beide Partner in einer Transportverbindung gleichberechtigt sind, wird die Wiederherstellung von Netzwerkverbindungen häufig zu Contention-Situationen, mitunter auch zu Collision-Situationen führen. Sie werden entsprechend den Ausführungen für den Verbindungsaufbau im Basisdienst behandelt.

Collision und Contention bei der Wiederherstellung einer Netzwerkverbindung lassen sich vermeiden, wenn einer der Partner (nämlich der, der ursprünglich die Verbindungen angemeldet hat und somit bezahlen muß) "Eigentümer" der Transportverbindung und der Netzwerkverbindung ist. Nur dieser "Eigentümer" wird im Falle eines Verlustes der Netzwerkverbindung die Wiederherstellung einleiten sowie 'openw' übermitteln.

## 6.12 Die optionale Ende-zu-Ende-Quittierung

Der Leistungsumfang des Basisdienstes der Ebene 4 setzt voraus, daß von den Benutzern keine Massendaten übermittelt werden. Der Nachrichtenaustausch darf also keine explizite Vollständigkeitskontrolle durch den Sender von I-Records (nicht identisch mit der stets vorhandenen Sequenzkontrolle des Empfängers von I-Records) erfordern. Eine implizite Vollständigkeitskontrolle der Nachrichten durch den Benutzer selbst ist zulässig.

Sollen jedoch größere Datenmengen übermittelt werden, so ist eine Ende-zu-Ende-Vollständigkeitskontrolle auf der Ebene 4 u.U. sinnvoll, um den Verlust größerer Datenmengen frühzeitig zu bemerken. Die Ende-zu-Ende-Quittierung erhöht die Qualität der Datenübermittlung in der Transportverbindung.

Es ist z.B. bei der Übermittlung größerer Datenmengen mit geringer Wahrscheinlichkeit möglich, daß aufgrund der Begrenzung des Sequenzzählers der Ebene 4 auf Modulo 256 durch ein RESET oder eine Folge von RESETs in der Netzwerkschicht, die genau ein ganzes Vielfaches von 256 Records betrifft, Daten unkontrolliert verlorengehen. Dies ist dann möglich, wenn an der Schnittstelle zwischen Ebene 3 und Ebene 4 empfangsseitig der Rückstaumechanismus gemäß 6.5.1.1 eingesetzt wird bzw. das Netz in den Netzknoten mehr als 256 Records puffern kann und ein 'RESET' der Ebene 3 nicht automatisch ein 'reset' der Ebene 4 bewirkt (was aus Effizienzgründen nicht vorgesehen ist).

Für derartige Anwendungen und Absicherungen ist die optionale Funktion "Ende-zu-Ende-Quittierung" geeignet: Der Sender muß mindestens einmal innerhalb eines Zyklusses von 256 Records eine Quittung 'rr' des Empfängers anfordern. Aus Effizienzgründen sollte die Quittungsanforderung rechtzeitig erfolgen, damit die Quittung des Empfängers beim Sender vor Erreichen der Modulusgrenze des Sendezählers eintrifft. Anderenfalls muß der Sender die Übermittlung von Daten bis zum Eintreffen der Quittung unterbrechen.

Dieser Vorgang läßt sich anschaulich durch die "Fenstertechnik" darstellen, wie sie unter 6.5.1.2 beschrieben wurde. Die Fensteröffnung beträgt maximal 255 Records. Es sind auch kleinere Werte, d.h. eine mehrmalige Quittungsanforderung innerhalb eines Zyklusses von 256 Records, möglich.

Der Sender kann unabhängig vom Eintreffen einer Quittung maximal so lange Daten übermitteln, bis die Zahl der unquittierten Records 256 erreicht. Mit dem Record mit der Folgenummer 255 wird letztmalig eine Quittierungsaufforderung gesendet. Nach Timer-Ablauf ist das Rücksetzungsprotokoll gemäß 6.6 einzuleiten.

In Verbindung mit der optionalen expliziten Flußkontrolle kann zuvor auch die Statusabfrage zur Klärung des Empfangszustandes des Empfängers eingesetzt werden (siehe 6.5.1.2).

Anwendungs- und implementationsabhängig kann es sinnvoll sein, die maximal zugelassene Zahl unquittierter Records auf einen Wert kleiner als 256 festzulegen, um bei Störungen und Stauungen eine effizientere Wiederherstellung zu erreichen. Es ist dann erforderlich, das Anfordern und Eintreffen von Quittungen mit einer Zeitschranke zu überwachen. Erhält der Sender bis zum Ablauf der Quittungsüberwachung keine Quittung, so sind die übermittelten Records ganz oder teilweise nicht beim Empfänger eingetroffen. Es ist dann in der Regel nicht sinnvoll, weitere Records zu übersenden. Ggf. sollte der Sender die Reset-Prozedur gemäß 6.6 einleiten. Der auszuwählende Entscheidungsalgorithmus ist implementationsabhängig festzulegen.

Die optionale Ende-zu-Ende-Quittierung kann ohne Absprache mit dem Partner, d.h. ggf. einseitig verwendet werden, da die erforderlichen Reaktionen des Partners gemäß 6.5 bereits im Basisdienst realisiert sind.

Bei der Umstellung älterer Anwendungen (insbesondere auch solcher Anwendungen, die bisher direkte Empfängerquittungen auf Leitungsprozedurebene verwenden) auf Paketvermittlung und EHKP 4 Basisdienst kann es notwendig sein, in die Funktionsschicht 4 eine 'Delivery confirmation' einzufügen und als Dienst den o.a. Anwendungen der Transportschicht zur Verfügung zu stellen. Auch dies ist mit der Option Ende-zu-Ende-Quittierung möglich. Allerdings muß die Dienst-Schnittstelle des Transportmediums zum Benutzer des Transportmediums beim Sender entsprechende Dienst-Signale zur Verfügung stellen:

| | |
|---|---|
| D DELIVERY_REQUEST | (lokaler_Name_beim_Initiator,<br>/lokale_Identifizierung/) |
| U DELIVERY_RESPONSE | (lokaler_Name_beim_Initiator,<br>/lokale_Identifizierung/). |

Der Benutzer des Transportmediums kann sendeseitig nach DELIVERY_REQUEST ggf. weitere Daten an das Transportmedium übergeben. Die Antwort DELIVERY_REPONSE kann also asynchron zur Datenübergabe erfolgen.

Diese 'delivery confirmation' ist nur für die erwähnte Umstellung älterer, insbesondere einfacher Anwendungen sinnvoll und mitunter unumgänglich. Bei Anwendung der EHKP für die Ebenen 5/6/7 ist eine 'delivery confirmation' in der Ebene 4 nicht erforderlich.

## 7 Die Formate der 'transport-protocol-data-units' und die Semantik ihrer Parameter

Das Transportmedium benutzt zur Protokollsteuerung 'signalling-protocol-data-units' (S-Records) und zum Datentransfer I-Records. In den Automaten sind die I-Records mit "data" bezeichnet. Alle Records besitzen einen Ebene-4-Header, der vom Sender aufgebaut und vom Empfänger ausgewertet wird. Der Header ist wie folgt aufgebaut.

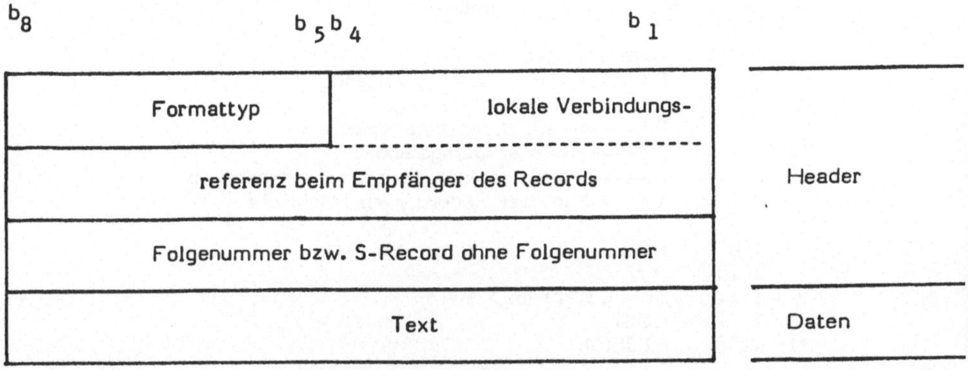

| $b_8$ $b_5$ | $b_4$ $b_1$ | |
|---|---|---|
| Formattyp | lokale Verbindungs- | Header |
| referenz beim Empfänger des Records | | Header |
| Folgenummer bzw. S-Record ohne Folgenummer | | Header |
| Text | | Daten |

Ein optionaler Dienst des Transportmediums (Blocken) macht eine Erweiterung des Headers nötig; sie ist im Zusammenhang mit dieser Option beschrieben (Kapitel 6.9).

Die Kodierung 1111 des Formattyps sagt aus, daß im 3. Byte ein S-Record ohne Folgenummer verschlüsselt ist. Alle anderen Kodierungen kennzeichnen I- bzw. S-Records, welche im 3. Byte eine Folgenummer führen. Diese Folgenummer bietet die Möglichkeit einer Sequenz- und Vollständigkeitskontrolle für I-Records und gestattet bei Verwendung expliziter Flußkontrolle eine Quittierung sowie Wiederherstellung bei Datenverlust. (Diese Funktion gehört nicht zum Basisdienst).

Die Folgenummern werden modulo 256 gezählt, bei 0 beginnend.

Die einzelnen Kodierungen sind im folgenden zusammengestellt.

I-Records sind von S-Records durch das erste Bit des Formattyps unterschieden:

Bit 8 des Formattyps = 0 < -- > I-Record
Bit 8 des Formattyps = 1 < -- > S-Record

Die lokale_Verbindungsreferenz ist eine lokale Verbindungskennung des Transportmediums, die z.B. zum Multiplexen (bei den Optionen beschrieben) verwendet werden kann. Pro Verbindung werden beim Verbindungsaufbau ('open',' accepted') zwei i.a. verschiedene lokale Verbindungsreferenzen ausgetauscht. Alle Records nach 'open' tragen die Referenz des jeweiligen Empfängers (Prinzip: "my reference - your reference").

Der Namensraum der lokalen_Verbindungsreferenz hat einen Umfang von 4095 Namen und zwar 1,...,4095.
Die Kennung "0" ist reserviert für den Fall, daß die lokale Verbindungsreferenz beim Empfänger noch nicht bekannt ist. Dies ist der Fall, wenn noch kein 'accepted' empfangen wurde, nämlich bei 'open' und bei 'abort' des Initiators in der Aufbauphase. Diese 'transport-protocol-data-units' tragen daher zusätzlich ein Textfeld, in dem als Parameter die lokale_Verbindungsreferenz des Senders steht.

Bei I-Records folgt dem Header ein Textfeld mit den zu übermittelnden Anwendungsdaten. Die Länge der I-Records (einschließlich Header) ist durch den Parameter "Maximale_Recordlänge" (MRL) begrenzt, dessen Wert in der Anmeldephase zwischen den Partnern vereinbart wird.

Einige S-Records führen hinter dem Header ebenfalls ein Textfeld, z.B. der Eröffnungsbefehl für Adreßangabe und die Abbruchmeldung für Diagnostikzwecke.

Formattyp der Records mit Folgenummern

| | | | |
|---|---|---|---|
| | 0XYZ | | I-Record (Benutzerdaten) |
| | X | = | 0 <----> keine Quittung verlangt |
| *) | X | = | 1 <----> Quittung verlangt |
| | Y | = | 0 <----> kein Wiederholungsrecord |
| *) | Y | = | 1 <----> Wiederholungsrecord |
| | Z | = | 0 <----> nicht-letzter Record einer Nachricht |
| | Z | = | 1 <----> letzter Record einer Nachricht |

| | | |
|---|---|---|
| | 1001 | rr |
| | 1010 | rnr |
| | 1111 | Befehl steht im 3. Byte |
| *) | 1011 | LOST |
| *) | 1100 | REJECT |

Damit sind im Formattyp alle Records erfaßt, welche eine Folgenummer benötigen. Bei der Kodierung 1111 sind dem 3. Byte folgende Befehle/Meldungen zu entnehmen:

| | | | |
|---|---|---|---|
| | 0000 | 0000 | open |
| *) | 0000 | 0001 | openw |
| | 0000 | 0010 | close |
| *) | 0000 | 0011 | status |
| | 0000 | 0100 | reseti |
| | 0000 | 1010 | resetc |
| | 0000 | 0101 | accepted |
| | 0000 | 0110 | end |
| | 0000 | 0111 | abort |
| *) | 0000 | 1000 | inter |
| *) | 0000 | 1001 | interc |

*) Diese Kodierungen werden für die optionalen Funktionen der Ebene 4 benötigt.

Im Basisdienst gibt es solche Mechanismen nicht. Wird ein Wiederholungsrecord oder 'status' empfangen, so ist dies ein Protokollfehler und führt zum Verbindungsabbruch.
Bei gesetztem X-Bit ist mit 'rr' (s.u.) zu quittieren.

Auf empfangenes 'openw' ist mit 'end ('openw' nicht beherrscht)' zu reagieren. Das sprengt zwar den Basis-Funktionsumfang des Transportmediums, ist aber aus Gründen der Kompatibilität zu den optionalen Protokollfunktionen notwendig.

'end' und 'abort' haben jeweils ein Diagnostikfeld mit folgender Bedeutung:

'end':

| | |
|---|---|
| 0000 0000 | Bestätigung von 'close' bzw. 'abort' |
| 0000 0001 | Transportmedium partnerseitig überlastet |
| 0000 0010 | Partner-Prozeß ist dem Transportmedium nicht bekannt |
| 0000 0011 | Partner-Prozeß belegt |
| 0000 0100 | Partner-Prozeß vorübergehend ausgefallen |
| 0000 0101 | Maximale Recordlänge, Version bzgl. Wiederherstellung oder Flußkontrollverfahren (aus 'open') zu "groß" |
| 0000 0110 | 'openw' wird nicht beherrscht |
| 0000 1010 | Kein Multiplexen |
| 0000 0111 | Accounting-Nr. unzulässig bzw. Accounting-Nr. fehlt |
| 0000 1000 | falsches oder fehlendes Password |
| 0000 1001 | Benutzerkennung unzulässig oder fehlt |
| alle anderen Kodierungen | Grund nicht spezifiziert (reserviert für weitere Ablehnungsgründe) |

'abort':

| | |
|---|---|
| 0001 0001 | Störung im Transportmedium |
| 0001 0010 | lokaler Prozeß ausgefallen |
| 0001 0011 | Prozedurfehler |
| 0001 0100 | erwartete Protokollantwort ausgefallen |
| 0001 1XYZ | vom lokalen Prozeß veranlaßt |
| alle anderen Kodierungen | Grund unspezifiziert |

'open', 'accepted', 'abort', 'inter' sowie optional 'reseti' und gegebenenfalls 'end' *) tragen ein Textfeld.

---

*) 'end' trägt eine optionale transparente Benutzernachricht. Darüber hinaus hat 'end' in bestimmten Fällen (als Reaktion auf 'open') ein Textfeld.

Die Parameter der 'transport-protocol-data-unit' 'open' und ihre Formate:

Anstelle der lokalen_Verbindungsreferenz steht im Header binär 0 (Empfängerreferenz nicht bekannt).

Die 'open'-Parameter sind folgendermaßen formatiert, wobei als Schlüsselwort ein vorgesetztes Zeichen jeweils den Parameter identifiziert:

| Schlüsselwort | Bedeutung des Parameters | Kodierung |
|---|---|---|
| R | lokale_Verbindungsreferenz_des_Transportmediums (beim Anmelder) | 4 Zeichen numerisch 1,....., 4095 |
| L | lokaler_Verbindungsname (beim (Anmelder) | 3 Zeichen numerisch |
| 1 | Name_der_Anschlußstelle_des_anmeldenden_Benutzers | 4 Zeichen alphanumerisch |
| 2 | Name_der_Anschluß-Stelle_des_Partners | 4 Zeichen alphanumerisch |
| Q | Name_des_Anmelders | 8 Zeichen alphanumerisch (1. Zeichen Buchstabe) |
| S | Name_der_Partners | 8 Zeichen alphanumerisch (1. Zeichen Buchstabe) |
| M | Maximale_Recordlänge | 4 Zeichen numerisch |
| V | Version_bzgl._Wiederherstellung | 1 Zeichen |
| W | Flußkontrollverfahren | 2 Zeichen numerisch |
| | Basisdienste keine explizite Flußkontrolle | 00 |
| | Fenstergröße bei expliziter Flußkontrolle | 2 Zeichen numerisch |
| *B | Blocken | 1 Zeichen numerisch |
| | Keine Blockoption | 0 |
| | Blocken | 1 |
| *A | Accountingnummer_des_Transportmediums_beim_Partner | bis 12 Zeichen numerisch |
| *U | Benutzerkennung_beim_Partner | bis 8 Zeichen alphanumerisch |
| *P | Password_beim_Partner | bis 16 Zeichen alphanumerisch |
| **E | Version des (Einheitlichen) Protokolls | 2 Zeichen alphanumerisch beschriebene Version: "00" |
| ***C | Nachricht_an_den_Partner | bis 16 Zeichen (Dieser Paramete[r] muß der letzte Parameter von 'open' sein) |

Die durch * gekennzeichneten Parameter werden im Basisdienst nicht benutzt. Sie sind für optionale Dienste vorgesehen.

Der durch ** gekennzeichnete Parameter ist optional.
Defaultwert "00" bedeutet die beschriebene Version.

Der durch *** gekennzeichneten Parameter ist sendeseitig optional. Wird er angegeben, so wird er vom Transportmedium transparent übertragen. Der Empfänger muß ihn auch im Basisdienst behandeln können.

Die Zeichen müssen gemäß der CCITT-Empfehlungen V.3 und V.4 (synchroner Fall) kodiert sein. Die Parameter sind durch genau ein Komma voneinander getrennt. Jedes Schlüsselwort darf höchstens einmal vorkommen.

'accepted' hat im Textfeld folgende Schlüsselwortparameter:

| Schlüsselwort | Bedeutung des Parameters | Kodierung |
|---|---|---|
| R | lokale_Verbindungsreferenz_des_Transportmediums (beim_Partner) | 4 Zeichen numerisch 1, . . . .,4095 |
| L | lokaler_Verbindungsname (beim_Partner) | 3 Zeichen numerisch |

Ihre Kodierung hat wie bei 'open' zu erfolgen.

Nachdem die Sequenz 'open', 'accepted' abgelaufen ist und die lokalen Namen ausgetauscht sind, sind auf beiden Seiten zwei Paar lokaler Namen bekannt. Die "lokalen_Verbindungsreferenzen" dienen dem Transportmedium für die Dauer der Transportverbindung zur Verteilung der 'transport-protocol-data-units' auf die bedienten Prozesse (my reference - your reference - Prinzip) und stehen deshalb im Header jeder 'transport-protocol-data-unit' nach 'open'. Die "lokalen_Verbindungsnamen" bleiben dagegen für die Dauer einer Sitzung unverändert; sie überdauern also einen Verlust der Netzwerkverbindung und dienen in optionalen Diensten zur Weiterführung der Transportverbindung über eine u.U. andere Netzwerkverbindung. Im Basisdienst werden sie nur ausgetauscht und nicht weiter verwendet.

'abort' trägt ein Textfeld:

| Schlüsselwort | Bedeutung des Parameters | Kodierung |
|---|---|---|
| R | lokale_Verbindungsreferenz_des_Transportmediums (beim_Partner) | 4 Zeichen numerisch 1, . . . .,4095 |

'end' trägt eine optionale transparente Benutzernachricht.

'end' als Antwort auf 'open' trägt ein Textfeld, wenn der Ablehnungsgrund des Verbindungswunsches bei den gewünschten Verbindungsparametern M, V, W oder B lag. In diesem Fall wird mit 'end' die maximal zu erbringende Verbindungsqualität mitgeteilt. Die Parameter sind wie folgt zu spezifizieren:

| | Schlüsselwort | Bedeutung des Parameters | Kodierung |
|---|---|---|---|
| | M | Maximale_Recordlänge | 4 Zeichen numerisch |
| | V | Version_bzgl._Wiederherstellung | 1 Zeichen |
| | W | Flußkontrollverfahren | 2 Zeichen numerisch |
| | | Basisdienste keine explizite Flußkontrolle | 00 |
| | | Fenstergröße bei expliziter Flußkontrolle | 2 Zeichen numerisch |
| | B | Blocken<br>Keine Blockoption<br>Blocken | 1 Zeichen numerisch<br>0<br>1 |
| *) | C | Nachricht_an_den_Partner | bis 16 Zeichen (Dieser Paramter muß der letzte Parameter von 'end' sein) |

*) Die Nachricht_an_den_Partner ist optional.

'reseti' kann ein Textfeld tragen:

| | Schlüsselwort | Bedeutung des Parameters | Kodierung |
|---|---|---|---|
| *) | C | Nachricht_an_den_Partner | bis 16 Zeichen (Dieser Parameter muß der letzte Parameter von 'reseti' sein) |

*) Die Nachricht_an_den_Partner ist optional.

'inter' trägt ein Textfeld:

| Schlüsselwort | Bedeutung des Parameters | Kodierung |
|---|---|---|
| C | Nachricht_an_den_Partner | bis 16 Zeichen (Dieser Parameter muß der letzte Parameter von 'inter' sein) |

# 8 Der Transaktionsdienst

## 8.1 Einführung in den Transaktionsdienst

Neben dem Bedarf nach einem längeren Informationsaustausch mit großer Sicherheit der Übertragung besteht auch ein Bedarf nach einem Dienst, der einen kurzen Informationsaustausch ermöglicht, und bei dem die Sicherheit eine weniger gravierende Rolle spielt als im erstgenannten Fall.

Außer dem verbindungsorientierten Dienst stellt das Transportmedium daher diesen weiteren Dienst mit anderen Eigenschaften zur Verfügung. Er ist unabhängig vom verbindungsorientierten Dienst, d.h. es handelt sich um ein anderes Ebene-4-Protokoll.

Verbindungsorientierter Dienst und Transaktionsdienst können über dieselbe Netzwerkverbindung im Multiplexverfahren betrieben werden. In diesem Fall muß das verbindungsorientierte EHKP die optionale Multiplex-Funktion verwenden.
Die übergeordnete Flußkontrolle obliegt dem Benutzer.

Ausgewählt wird der Transaktionsdienst beim Aufbau der Netzwerkverbindung (siehe Kapitel 4.3).

Die Charakteristika des Transaktionsdienstes sind:

- Er wird von kommunizierenden Prozessen benutzt; eine Transaktion besteht aus genau einem Informationsaustausch.

- Dieser Informationsaustausch besteht i.a. aus der Übermittlung einer Nachricht ("Frage") und einer zweiten Nachricht in entgegengesetzter Richtung (der "Antwort" auf die "Frage"). Das Eintreffen der "Antwort" wird vom Transportmedium überwacht. Im Spezialfall kann diese Antwort "leer" sein, d.h. sie enthält keine Nutzdaten. Der Transaktionsdienst besitzt an der Dienst-Schnittstelle zum 'transport-service-user' keine logische Beziehung zu anderen Interaktionen.

- Optional wird die Möglichkeit geboten, bei der "Frage" anzugeben, daß keine "Antwort" erwartet wird.

- Das darunterliegende Netz wird möglichst wenig belastet.

- Ein Transaktionsautomat verwaltet genau einen Kanal (eine Netzwerkverbindung). Der Kanal bleibt für die Dauer der Transaktion bestehen und verbindet genau zwei Systeme.

- Für den ordnungsgemäßen Ablauf der Transaktion ist alleine der Anrufer verantwortlich.

Die Benutzung von Netzwerkverbindungen (Auf-/Abbau) soll in der Transportschicht nach geeigneten Regeln stattfinden (z.B. Multiplexen mehrerer Transaktionen auf einer Netzwerkverbindung, Abbau der Netzwerkverbindung bei Nichtvorhandensein von Transaktionen usw.). Ein Rückstau auf einer Netzwerkverbindung, die Transaktionen übermittelt, darf nicht durch das Transportprotokoll bedingt sein.

Bei Einsatz des Datex-P-Netzes erfolgt die Einigung über die Verwendung des Dienstes anhand des Bit 6 im Byte 4 des 'call-user-data-fields' im 'call-request-packet': ist es gesetzt, so wird das transaktionsorientierte EHKP gefahren. Bei anderen Netzen muß eine entsprechende Lösung vereinbart werden.

## 8.2 Die Schnittstelle des Transaktionsdienstes zum Benutzer

Die Benutzung des Transaktionsdienstes erfolgt logisch über die beiden Schnittstellendienste MESSAGE und ANSWER.

MESSAGE:

| | |
|---|---|
| D MESSAGE_REQUEST | (Name_des_Anrufers,<br>Name_des_Angerufenen,<br>lokaler_Transaktionsname_<br>beim_Anrufer,<br>Name_der_Anschlußstelle_des_<br>Angerufenen,<br><Nachricht>,<br><Art_der_Transaktion> ); |
| U MESSAGE_RESPONSE | (lokaler_Transaktionsname_beim_<br>Anrufer,<br><Quittung_beim_Anrufer>) |
| | & |
| U MESSAGE_INDICATION | (Name_des_Anrufers,<br>Name_der_Anschlußstelle_des_<br>Anrufers,<br>lokaler_Transaktionsname_beim_<br>Angerufenen,<br><Nachricht>,<br><Art_der_Transaktion >); |
| D MESSAGE_CONFIRMATION | (Antwortzeit). |

| | | |
|---|---|---|
| <Quittung_beim_Anrufer> | ::= | erfolgreich!<br>Transportmedium_lokal_belegt |
| <Nachricht> | ::= | zu_übermittelnder_Text!<br>Referenz_auf_den_Text |
| <Art_der_Transaktion> | ::= | (Nachricht_mit_Antwort<br>Antwortzeit)!<br>Nachricht_ohne_Antwort |

ANSWER:

| | | |
|---|---|---|
| D ANSWER_REQUEST | | (lokaler_Transaktionsname_ beim_Angerufenen /,<Antwort>/); |
| U ANSWER_RESPONSE | | |
| | | & |
| U ANSWER_INDICATION | | (lokaler_Transaktionsname_ beim_Anrufer, <Quittung_vom_Transportmedium>, /,<Antwort>/); |
| D ANSWER_CONFIRMATION | | |

| | | |
|---|---|---|
| <Antwort> | ::= | zu_übermittelnder_Text!<br>Referenz_auf_den_Text |
| <Quittung_vom_Transportmedium> | ::= | Timer_abgelaufen!<br>Transportmedium_fern-belegt!<br>Angerufener_belegt!<br>(Frage_vom_Angerufenen_zurückgewiesen,<br>transparenter_Ablehnungsgrund)!<br>Fehler_im_Transportmedium |

Die Ereignisfolgen im störungsfreien Fall und im Störungsfall sind in den Abbildungen A-D zu 8.2 skizziert.

Für eine ANSWER_INDICATION beim Anrufer gibt es mehrere auslösende Ereignisse:

- eine Antwort ist vom Angerufenen eingetroffen
- die Überwachungszeit ist abgelaufen
- das Transportmedium ist fernbelegt
- der Angerufene ist belegt
- die Frage ist vom Angerufenen abgewiesen
- im Transportmedium ist ein Fehler aufgetreten.

Das Ereignis wird durch Quittung vom Transportmedium angegeben. Die lokalen Identifikationen der Transaktion sind lediglich ein Mittel für die Prozesse, ANSWER_INDICATION der MESSAGE_RESPONSE bzw. ANSWER_REQUEST der MESSAGE_INDICATION zuzuordnen.

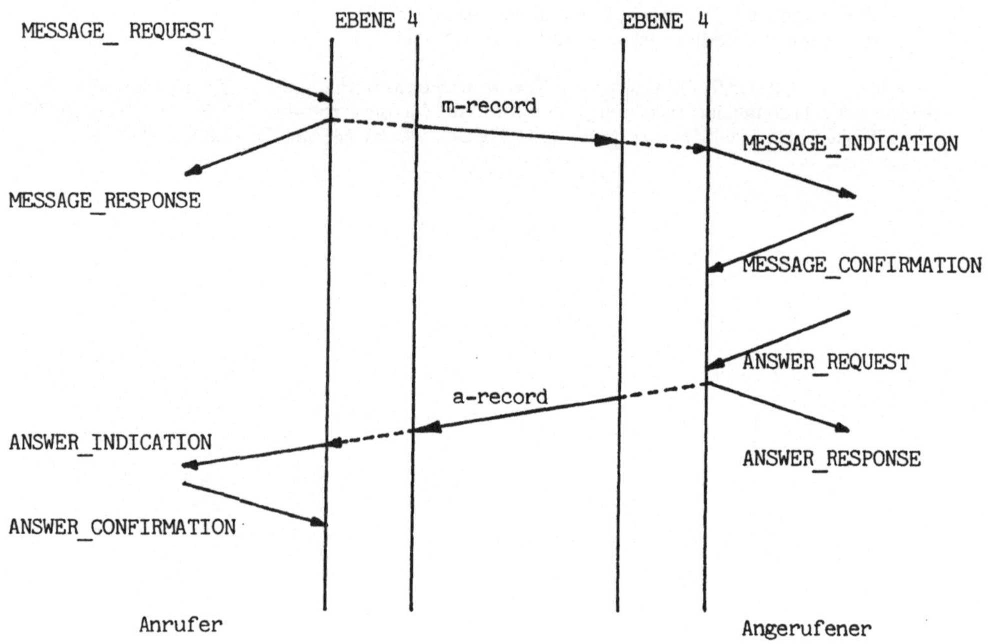


Abb. A zu 8.2: Normaler Ablauf der Schnittstellenereignisse: Nachricht mit Antwort

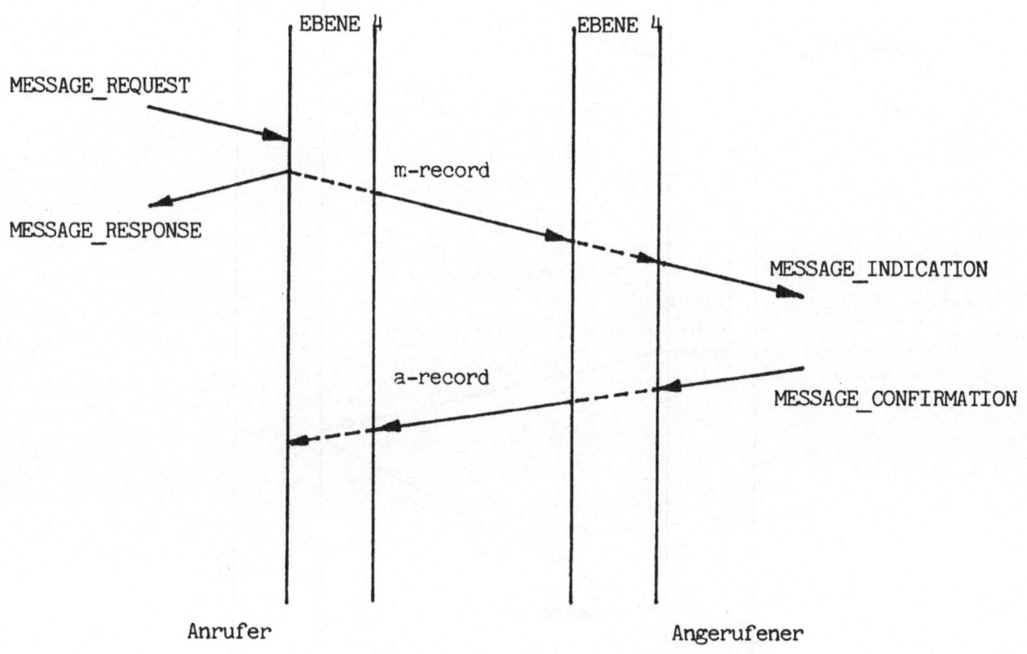


Abb.B zu 8.2: Normaler Ablauf der Schnittstellenereignisse:
Nachricht ohne Antwort

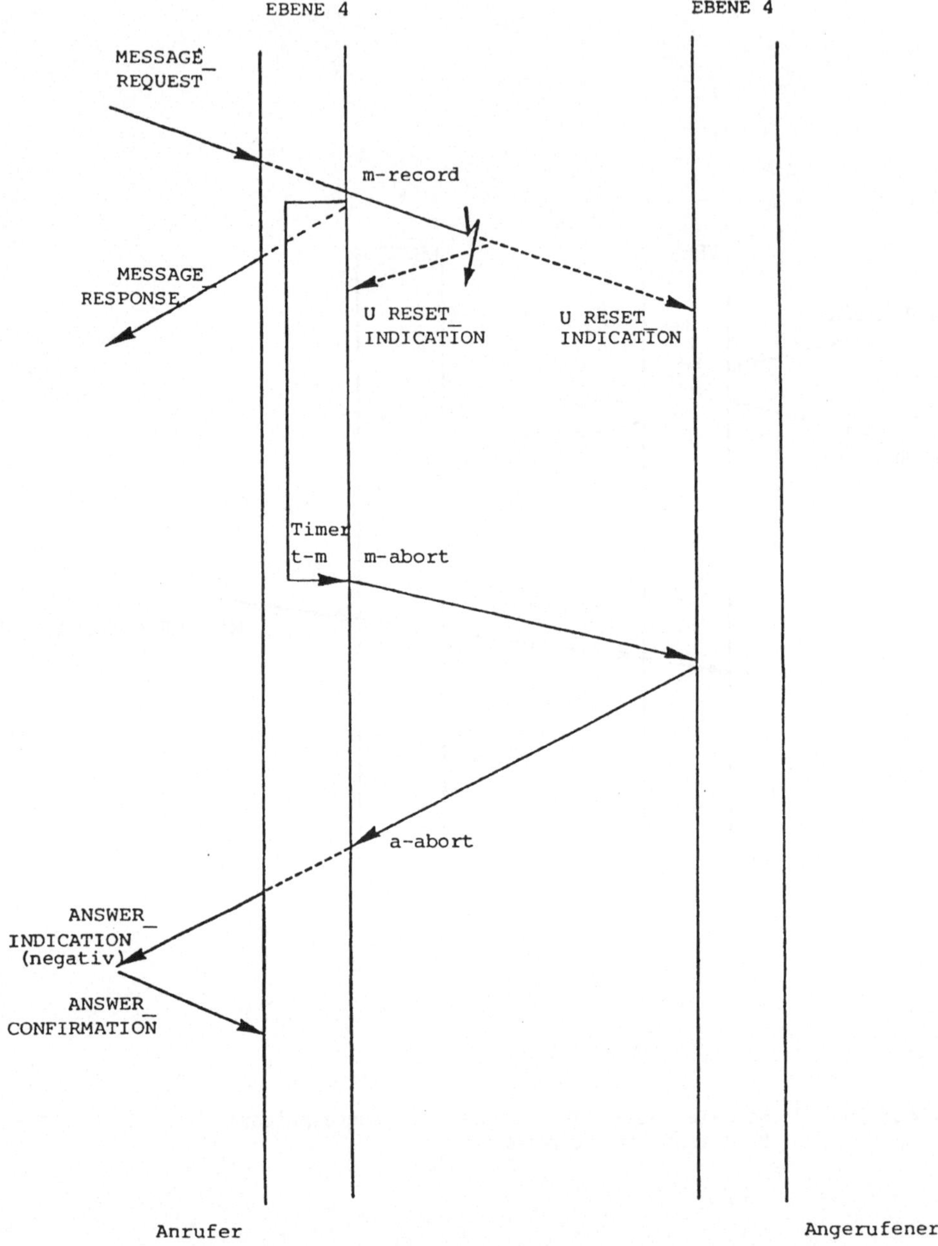


Abb. C zu 8.2: Ablauf der Schnittstellenereignisse im Fehlerfall: Nachricht geht verloren

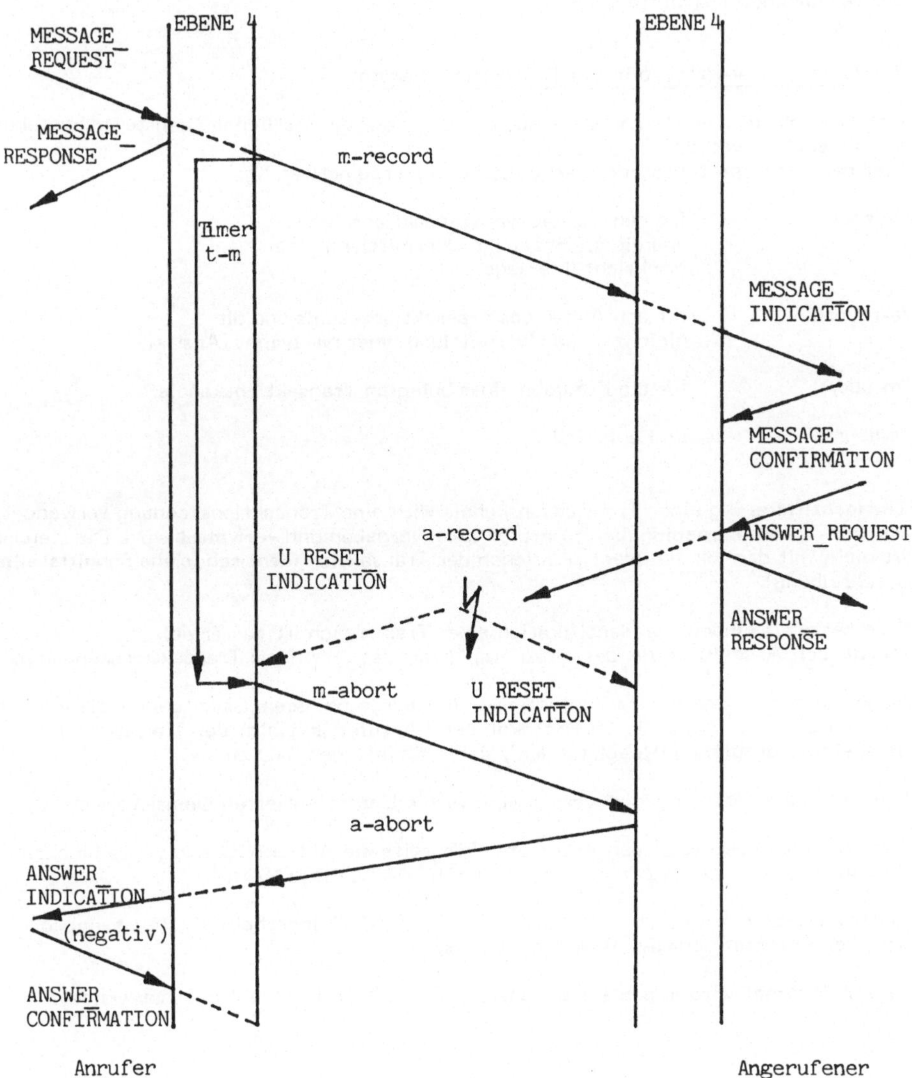


Abb. D zu 8.2: Ablauf der Schnittstellenereignisse im Fehlerfall: Antwort geht verloren

## 8.3 Die Schnittstelle des Transaktionsdienstes zur Netzwerkmaschine

Der Transaktionsdienst benutzt dieselbe Schnittstelle zur Netzwerkmaschine wie der verbindungsorientierte Dienst.

## 8.4 Die Ebene-4-Protokolle des Transaktionsdienstes

Der Transaktionsdienst kann ohne Auswirkungen auf die restlichen Dienste im Protokoll implementiert werden.
Vier neue 'transport-protocol-data-units' sind hierzu notwendig:

| | |
|---|---|
| 'm-record' | für den Aufbau des Transaktionskanals und die gleichzeitige Übermittlung einer Nachricht (Message) |
| 'a-record' | für den Abbau des Transaktionskanals und die gleichzeitige Übermittlung einer Nachricht (Answer) |
| 'm-abort' | für die Freigabe eines belegten Transaktionskanals |
| 'a-abort' | im Fehlerfall |

Zur Identifizierung eines Transaktionskanals wird eine Transaktionskennung verwendet, die vom Transportmedium beim Anrufer lokal vergeben und verwaltet wird. Die Kennung ist nicht mit den lokalen Identifikationen der Transaktion identisch (siehe Schnittstellenbeschreibung).

Eine netzweit eindeutige Identifikation einer Transaktion ist das Tripel:
(Name_der_Anschlußstelle_des_Anrufers; Name_des_Anrufers; Transaktionskennung).

Daher ist das Auftreten des Contention-Falles ausgeschlossen. Es entstehen die einfachen Interaktionsdiagramme für das Protokoll beim Anrufer (Initiator der Transaktion) und beim Angerufenen (Reagierenden), siehe Abbildungen B-D zu 8.4.

Die Automaten 'c x' und 'e y' werden vom verbindungsorientierten Dienst verwendet.

Abb. A zu 8.4 beschreibt den Automaten "Ergreife die Aktion <X> und warte (höchstens die Zeit t) auf <Y1>, <Y2>", dargestellt durch <X>:<Y1>, <Y2>;t .

Trifft keines der erwarteten Ereignisse <Y1> oder <Y2> innerhalb der Zeit t ein, so wird der Automat über den Ausgang 0 verlassen.

Dieser Automat wird in den Abbildungen B-D zu 8.4 als Unterautomat verwendet.

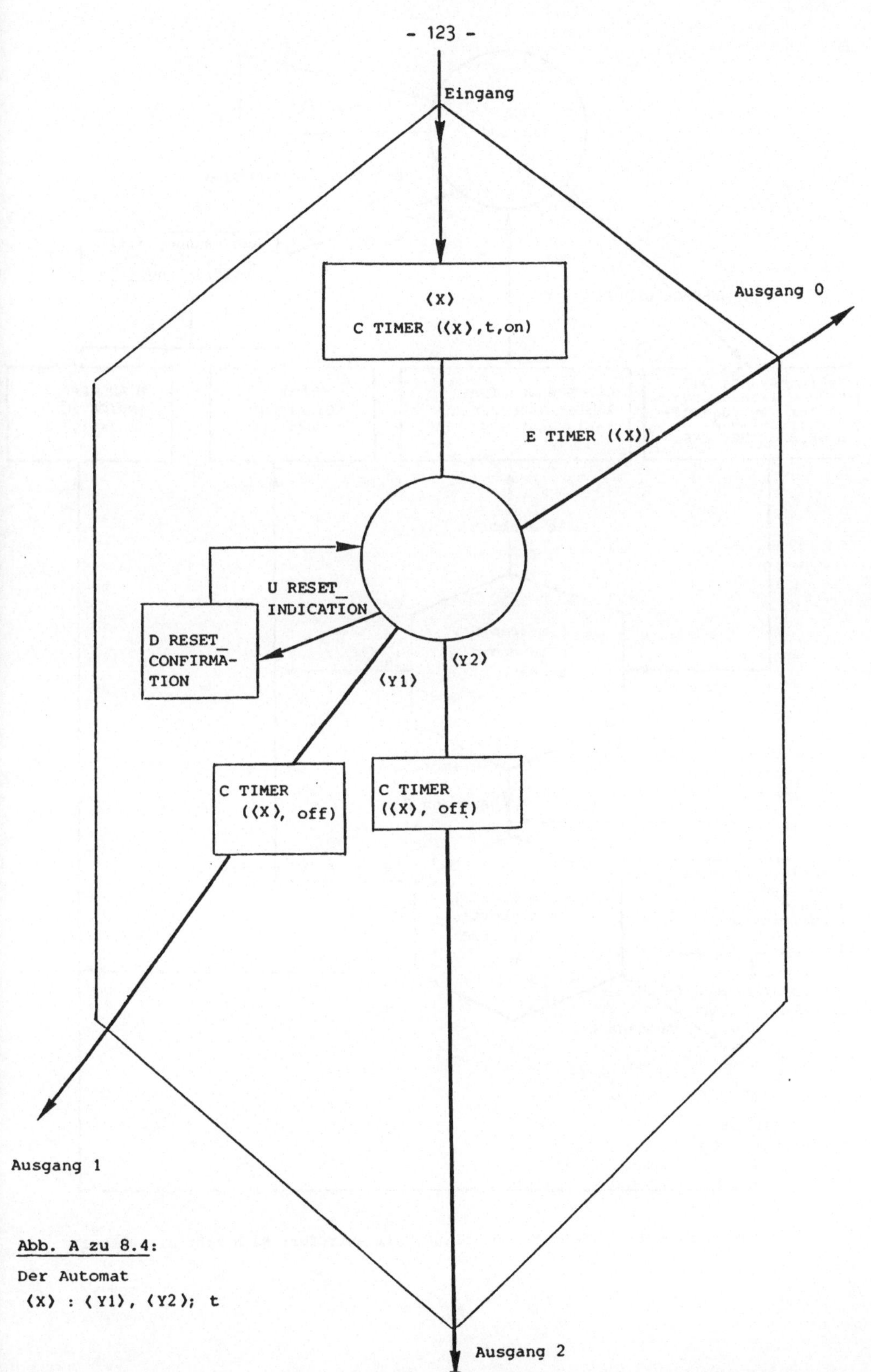


Abb. A zu 8.4:
Der Automat
〈X〉 : 〈Y1〉, 〈Y2〉; t

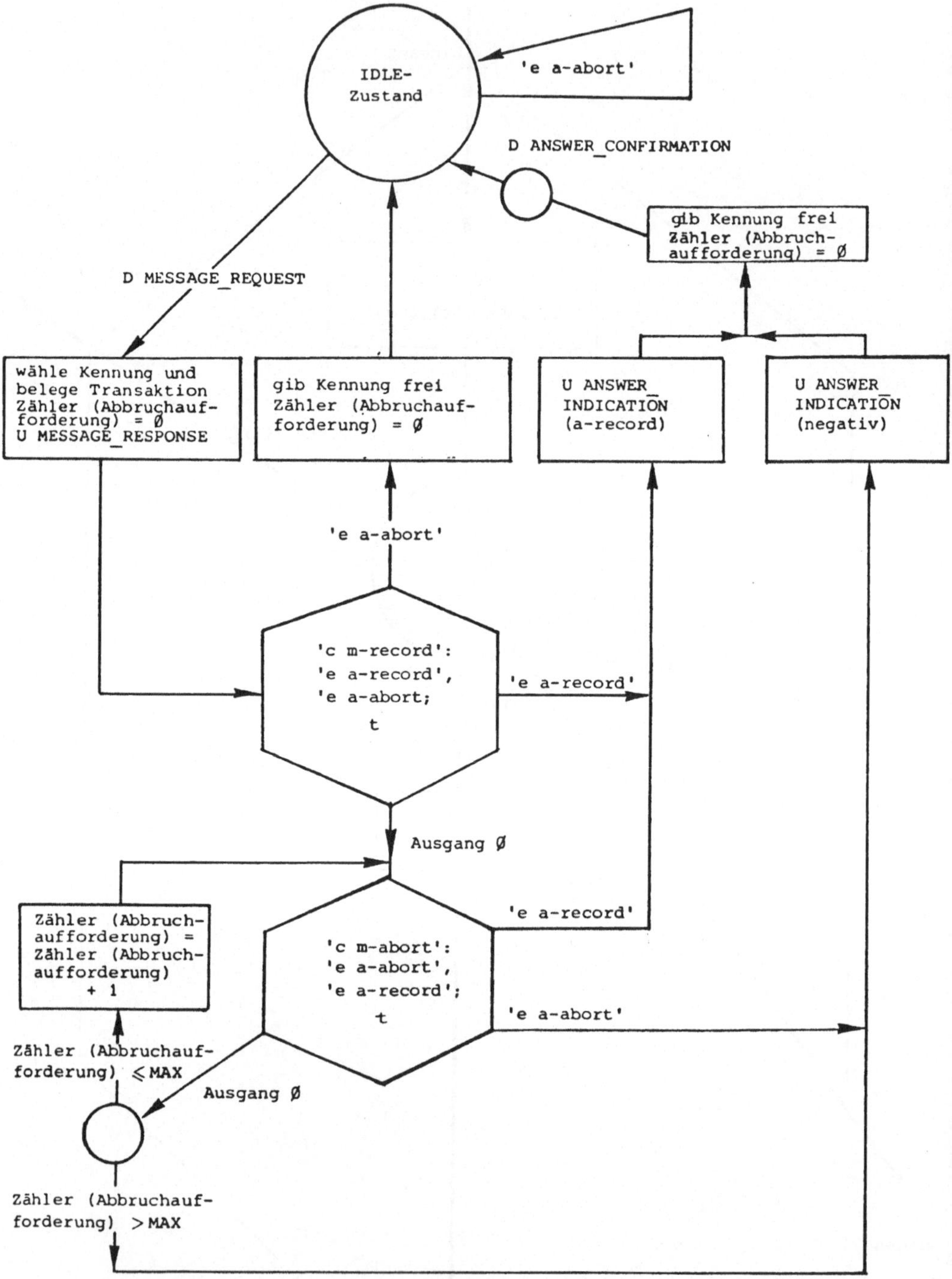

Abb. B zu 8.4: Transaktionsablauf beim Aufrufer: Nachricht mit Antwort

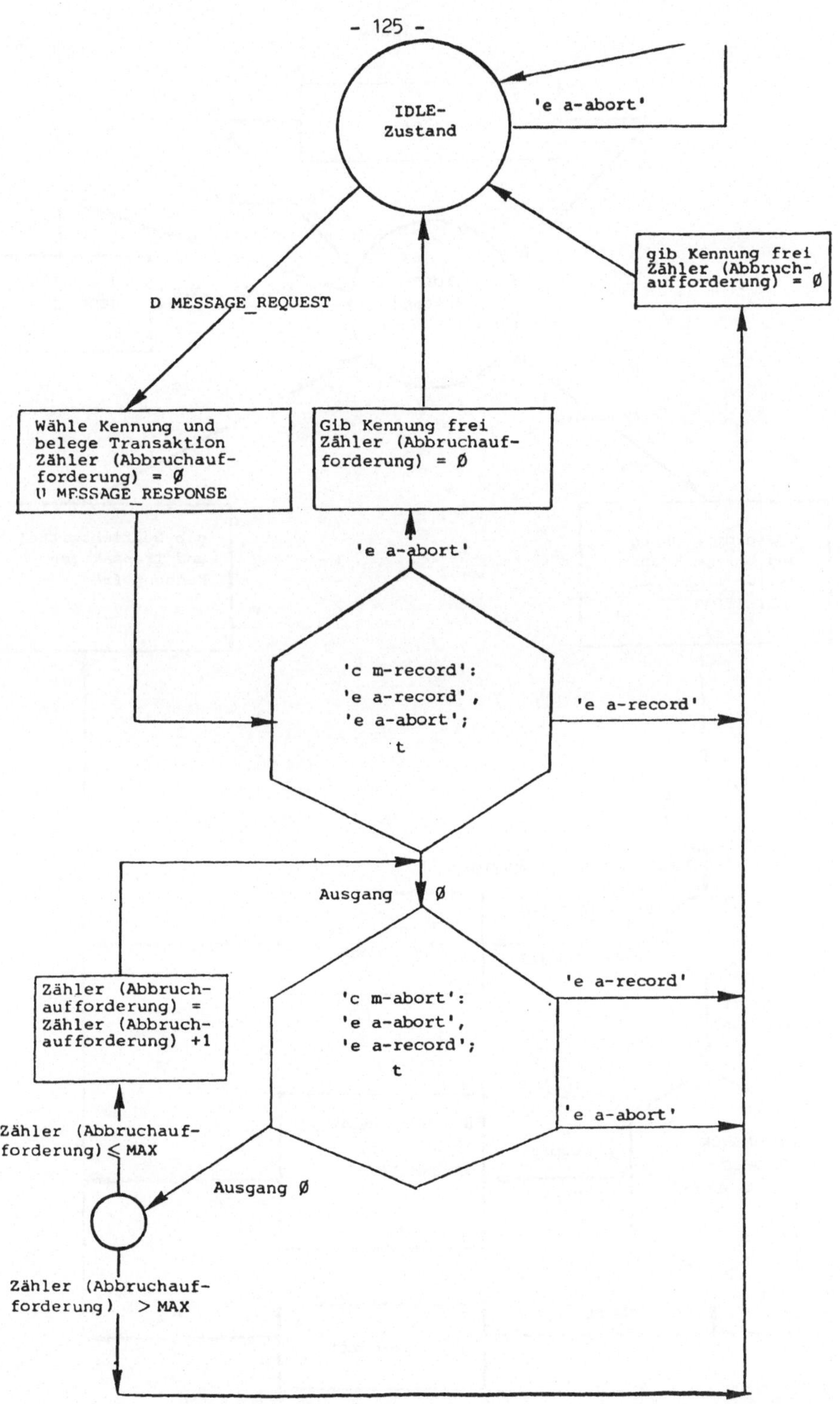


Abb. C zu 8.4: Transaktionsablauf beim Anrufer: Nachricht mit leerem a-record

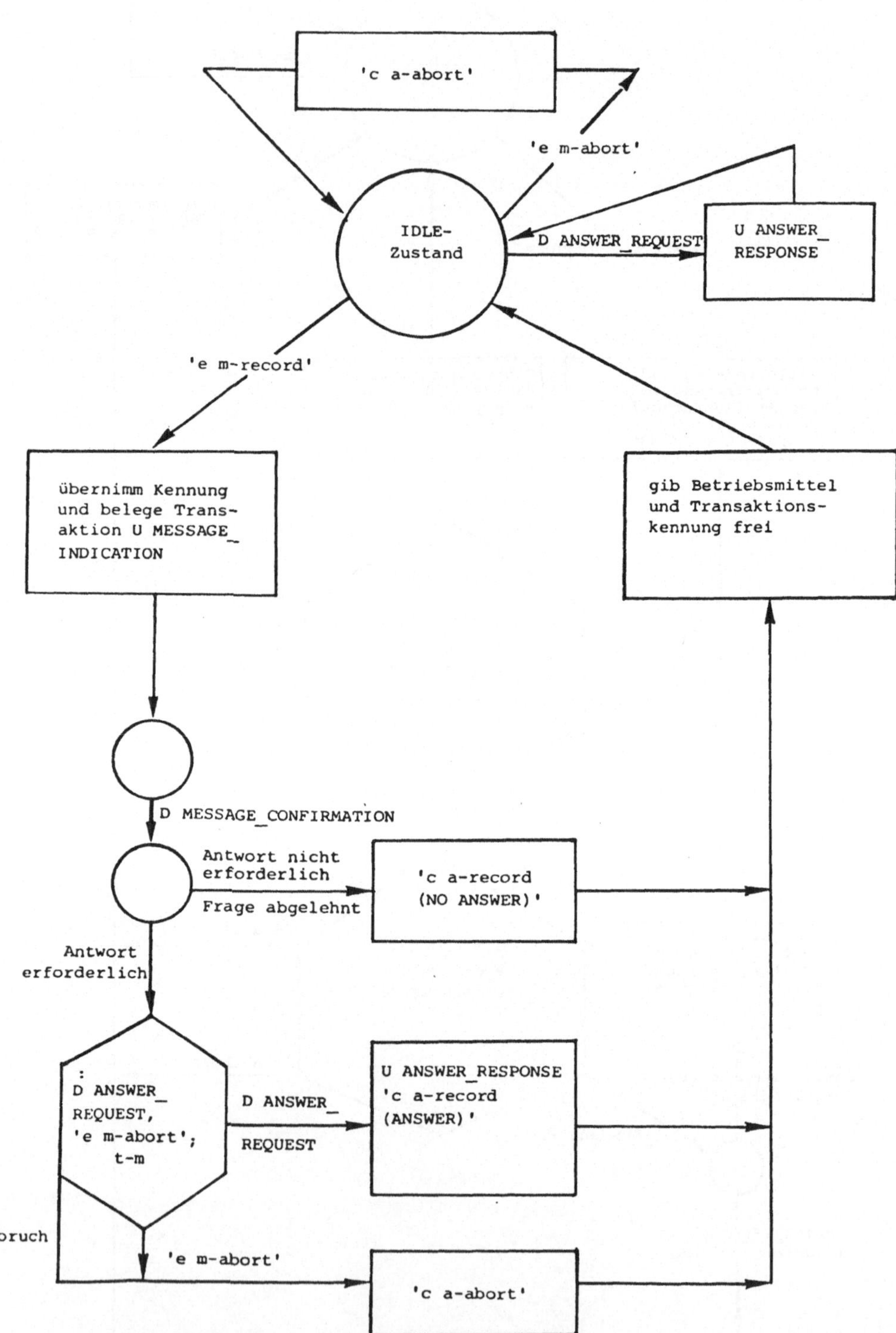


Abb. D zu 8.4: Transaktionsablauf beim Angerufenen

## 8.5 Lokale Namen beim Transaktionsdienst

Eine Transaktion ist durch zwei lokale Namen gekennzeichnet:
lokaler_Transaktionsname_beim_Anrufer und
lokaler_Transaktionsname_beim_Angerufenen.

Diese beiden lokalen Namen werden vom Transportmedium auf beiden Seiten vergeben. Sie identifizieren für das Transportmedium eine der verschiedenen zu verwaltenden Transaktionen.

Die Namensräume auf beiden Seiten der Transaktion, d.h. beim Anrufer und beim Angerufenen sind unabhängig voneinander.

## 8.6 Die Formate der 'transport-protocol-data-units' des Transaktionsdienstes

Die für den Transaktionsdienst vorgesehenen Ebene-4-Header sind ähnlich strukturiert wie die des verbindungsorientierten Dienstes:

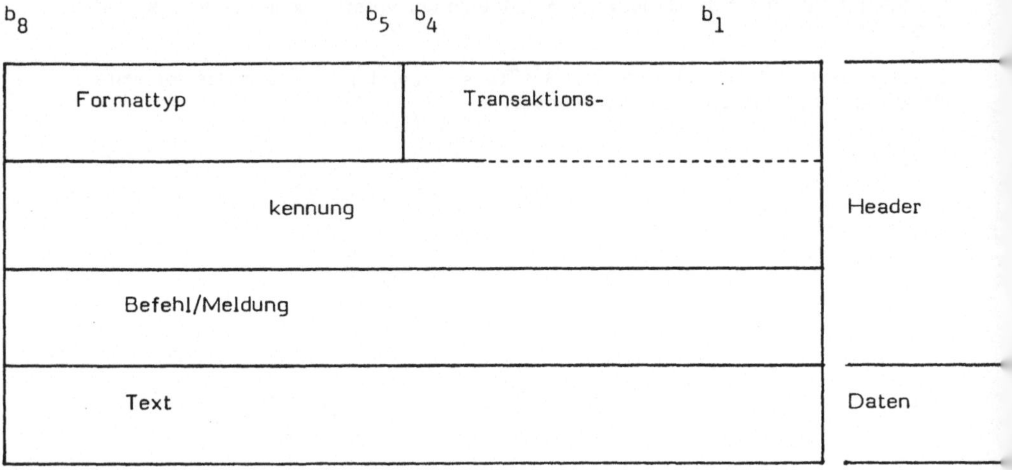

<table>
<tr><td>$b_8$ … $b_5$</td><td>$b_4$ … $b_1$</td><td></td></tr>
<tr><td>Formattyp</td><td>Transaktions-</td><td rowspan="3">Header</td></tr>
<tr><td colspan="2">kennung</td></tr>
<tr><td colspan="2">Befehl/Meldung</td></tr>
<tr><td colspan="2">Text</td><td>Daten</td></tr>
</table>

| | | | | |
|---|---|---|---|---|
| Formattyp | : | 1111 | | |
| Transaktionskennung | : | 12-Bit. Wird vom Anrufer lokal vergeben. | | |
| Befehl/Meldung | : | m-record | 0001 | 0000 |
| | | a-record | | 0001 |
| | | m-abort | | 0010 |
| | | a-abort | | 0011 |

Die Textfelder werden mit folgenden Schlüsselwort-Parametern belegt; die Schlüsselwörter sind gemäß den CCITT-Empfehlungen V.3 und V.4 zu kodieren.

'm-record'

| | |
|---|---|
| 1 | Name_der_Anschlußstelle_des_Anrufers |
| 2 | Name_der_Anschlußstelle_des_Angerufenen |
| Q | Name_des_Anrufers |
| S | Name_des_Angerufenen |
| *) A | Accountingnummer |
| *) U | Benutzerkennung_des_Angerufenen |
| *) P | Password_beim_Angerufenen |
| T | Art_der_Transaktion |
| M | transparent übertragener Text |

'a-record'

| | |
|---|---|
| M | transparent übertragener Text |

'm-abort'

| | |
|---|---|
| *) D | Diagnostikfeld |

| | |
|---|---|
| 'a-abort' | keine Parameter |

*) Diese Parameter sind optional.

Schlüsselwort M muß immer letztes Schlüsselwort sein, denn anschließend kommt transparent zu übertragender Text (alle Oktets zugelassen).

Die Formatierung der Parameter ist ähnlich wie im verbindungsorientierten Dienst:

| Schlüsselwort | Bedeutung des Parameters | Kodierung |
|---|---|---|
| 1 | Name_der_Anschlußstelle_des_Anrufers | 4 Zeichen alphanumerisch |
| 2 | Name_der_Anschlußstelle_des_Angerufenen | 4 Zeichen alphanumerisch |
| Q | Name_des_Anrufers | 8 Zeichen alphanumerisch |
| S | Name_des_Angerufenen | 8 Zeichen alphanumerisch |
| A | Accountingnummer | bis 12 Zeichen numerisch |
| U | Benutzerkennung | bis 8 Zeichen numerisch |
| P | Password | bis 16 Zeichen alphanumerisch |
| T | Art_der_Transaktion | 1 Zeichen numerisch<br>0 - Antwort erforderlich;<br>1 - Antwort nicht erforderlich |
| D | Diagnostikfeld | 2 Zeichen numerisch *) |
| M | transparent übertragener Text | max. 4 k Zeichen **) |

*) Ist für Diagnosezwecke vorgesehen und wird in der jetzigen Ausbaustufe noch nicht verwendet.

**) Der Parameter mit dem Schlüsselwort M muß einer von allen verwendeten Parametern der jeweils letzte sein.

# 9 Literaturverzeichnis


/AHA80/ Zweiter Zwischenbericht der ad hoc-Arbeitsgruppe "Höhere Kommunikationsprotokolle", Bonn 1980

/BO78/ Bochmann, G. v.: Finite State Description of Communication Protocols, North-Holland Publishing Company, 1978

/BOVO78/ Bochmann, G. v., Vogt, F.H.: Message Link Protocol, Functional Specification. Hahn Meitner Institut für Kernforschung Berlin GmbH, 1978

/CCITT79/ CCITT Empfehlungen der V-Serie und der X-Serie-Datenübertragung, sowie Ergänzungsbände, R.V. DECKER'S-Verlag, Heidelberg, 1979

/HRV77/ Hertweck, F., Raubold, E., Vogl, F.:
X.25 Based Process-Process Communication-Concepts and Facilities.
GMD, Darmstadt, 1977
PIX/HLP/TED/77/01

/ISO79/ Reference Model of Open Systems Interconnection, ISO/TC97/SC16N227, International Organization for Standardization, Genf, 1979

/LDS79a/ DV-Strom-Prozedur, Landesamt für Datenverarbeitung und Statistik Nordrhein-Westfalen, Düsseldorf 1979

/LDS79b/ Zustandsdiagramme für die DV-Strom-Prozedur, Landesamt für Datenverarbeitung und Statistik
Nordrhein-Westfalen, Düsseldorf, 1979

/LDS79c/ Schnittstellenfestlegungen für das Datenvermittlungssystem NW,
2. Ausbaustufe,
Landesamt für Datenverarbeitung und Statistik Nordrhein-Westfalen,
Düsseldorf, 1979

/PAPA79a/ Franck, R., Kistner, B., Nicholls, I., Schneider, G.:
Daten-Kommunikation in offenen Systemen - Positionspapier des VDRZ-Gemeinschaftsprojekts PAPA. Version 2, SOFTLAB-DANET, Dezember 1979

/PAPA79b/ Franck, R., Kistner, B., Nicholls, I., Schneider, G.:
Spezifikation des Level-4/5 Protokolls für das Projekt PAPA. Version 1, SOFTLAB-DANET, November 1979

/PAPA 80a/ Pittelkow, W., Schriefer, E.: Optionale Dienstleistungen des Transportmediums (Ebene 4). Version 1, SOFTLAB, Juni 1980

/PAPA 80b/ Kistner, B./Schriefer, E.: Schnittstellen und Protokolle des Transportmediums (Ebene 4). Version 5, SOFTLAB, Oktober 1980

/PIX79/ Specification of a Transport and Session Layer Protocol, based on the Message Link Protocol, Version 1.0, F. Vogt, E. Dregger, H. Eckert, B. Lausch,
PIX/HLP/79/05, September 1979

/RA78/ Raubold, E.: A Model for Application Level Networking Protocols.
IBM Informatik Symposium 1978 "Informationsverarbeitung und Komunikation"

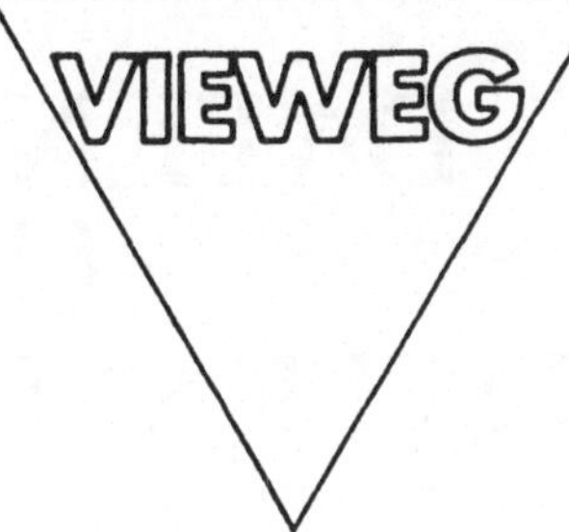


Aus der Reihe:

## DuD Fachbeiträge

**Band 1**

Karl Rihaczek

**Datenschutz und Kommunikationssysteme**

Hrsg. vom Ausschuß für Wirtschaftliche Verwaltung in Wirtschaft und öffentlicher Hand e.V. 1981. IV, 141 S. DIN C 5. Kartoniert

Inhalt: Aufriß – Schichtenstrukturen – Kommunikationsstrukturen – Die Wechselwirkungen – Das Planungsdilemma – Vorschläge zum Vorgehen – Paketvermittelter Datex-Dienst – Die Bildschirmübertragung – Computerunterstützter Unterricht als Bildschirmtext – Verschlüsselung – Literaturverzeichnis.

Das Thema sind aktuelle und vorhersehbare Wechselwirkungen zwischen Datenschutz und öffentlichen Kommunikationssystemen in Bezug auf Datenschutzrecht, Systemplanung und internationale Harmonisierung. Es wird im Rahmen einer vom Bundesminister für Forschung und Technologie geförderten Untersuchung strukturiert und systematisch aufgerissen. Bei der Ableitung der Wechselwirkungen wird nach Gestaltung der technischen Einrichtungen und der Netze/Dienste sowie nach rechtlicher und politischer Gestaltung unterschieden. Als Arbeitshilfen werden ein Dienstleistungs-Schichtenmodell und eine Notation für problembezogene Kommunikationsstrukturen eingeführt. In Form von Beispielen werden behandelt: Paketvermittelter Datex-Dienst, Bildschirmtext-Übertragungsdienst, computerunterstützter Unterricht mit Bildschirmtext, Datenverschlüsselung.